Gerhard Schmidt

Problem Kernenergie

Eine kritische Information

Mit 39 Abbildungen
und einem Kurzlexikon

Vieweg

CIP-Kurztitelaufnahme der Deutschen Bibliothek

Schmidt, Gerhard
Problem Kernenergie: e. krit. Information. –
1. Aufl. – Braunschweig: Vieweg, 1977.
ISBN-13: 978-3-528-08393-9 e-ISBN-13: 978-3-322-86137-5
DOI: 10.1007/978-3-322-86137-5

Verlagsredaktion: *Alfred Schubert*

1977

Buchbinder: W. Langelüddecke, Braunschweig
Umschlaggestaltung: Horst-Dieter Bürkle, Darmstadt

ISBN-13: 978-3-528-08393-9

Vorwort

Inmitten einer von Disputen und Kontroversen über die Kernenergienutzung geschüttelten Zeit ist dieses Buch entstanden. Es handelt sich in erster Linie um ein Sachbuch, das in möglichst allgemeinverständlicher Form über Nutzen und Risiko der Kernenergie informieren will. Es wendet sich unvoreingenommen an alle, die sich mit der Materie Kernenergie und deren Nutzung beschäftigen wollen oder – aus welchem Grund auch immer – beschäftigen müssen. Es dürfte sich zur bloßen Lektüre, zum Studium, zum Unterricht und nicht zuletzt zur Meinungsbildung über das Für und Wider zur friedlichen Kernenergienutzung eignen.

Das Buch richtet sich an die Befürworter und Gegner der Materie und versucht, zu einer Beantwortung offener Fragen und damit zu einer Symbiose gegensätzlicher Anschauungen zu kommen. Wenn auf diesem Wege einige Passagen nicht ganz wertfrei ausgefallen sind, so wird um Verständnis gebeten, denn der Autor ist als Bürger selbst in den Prozeß der Meinungsbildung miteinbezogen.

Bei der Abfassung der technischen und energiewirtschaftlichen Artikel dieses Buches hat mir Herr Dr.-Ing. Armin Mareske, Berlin, zur Seite gestanden. Der Unterzeichnete dankt ihm für viele Anregungen, die zur Aktualität des Buches beigetragen haben. Ein weiterer Dank gilt meiner Frau für die geleistete redaktionelle Arbeit.

Gerhard Schmidt

August 1977

Inhaltsverzeichnis

1. Brauchen wir überhaupt Kernkraftwerke? . . 1

1.1. Standpunkte 1
1.2. Ausgangssituation 4
1.2.1. Energiesituation der Welt – Weltproduktion und Weltverbrauch 4
1.2.2. Die Energiesituation in der Bundesrepublik Deutschland 12
1.3. Das Restrisiko bei Kernkraftwerken 22
1.4. Zielvorstellungen für den Kernkraftwerksausbau in der Bundesrepublik Deutschland 25

2. Kernkraftwerke: Technischer Teil 26

2.1. Grundlagen 26
2.2. Reaktoraufbau und Reaktortypen 33
2.2.1. Druckwasserreaktoren 33
2.2.2. Siedewasserreaktoren 37
2.2.3. Schwerwasserreaktoren 39
2.2.4. Graphitmoderierte Reaktoren 40
2.2.5. Anreicherungsverfahren 40
2.2.6. Weitere Entwicklung der Leichtwasser-Reaktortechnologie 41
2.2.7. Neue Reaktorkonzepte 42
2.2.7.1. Hochtemperaturreaktoren 43
2.2.7.2. Schnelle Brüter 50
2.3. Kernkraftwerke in der Bundesrepublik Deutschland 53
2.3.1. Versuchs- und Demonstrationskraftwerke 56
2.3.2. Kernkraftwerke mit Siedewasserreaktoren 59
2.3.3. Kernkraftwerke mit Druckwasserreaktoren 64
2.3.4. Besondere Kernkraftwerksanlagen 72
2.3.5. Kernkraftwerke mit gasgekühlten Reaktoren 73
2.3.6. Kernkraftwerke mit natriumgekühlten Reaktoren . 77
2.4. Exportierte deutsche Kernkraftwerke 79
2.5. Kernkraftwerke in der DDR 79
2.6. Kernkraftwerke anderer Länder 80

3. Kernkraftwerke: Wirtschaftlicher Teil 82

3.1. Strom- und Wärmebedarf 82
3.2. Stromerzeugungskosten (Kostenanalyse) 83
3.2.1. Anlagekosten 84
3.2.2. Betriebs- und Unterhaltungskosten 85
3.2.3. Brennstoffkreislaufkosten 85
3.2.4. Aufschlüsselung der Brennstoffkreislaufkosten ... 92
3.2.5. Stromerzeugungskostenvergleich von Kernkraftwerken und konventionellen Wärmekraftwerken .. 95
3.3. Kernenergie und Volkswirtschaft 96

4. Reaktorsicherheit 98

4.1. Schutzmaßnahmen und sicherheitstechnische Einrichtungen 99
4.2. Störfall- und Unfallanalysen 103

5. Strahlenschutz 106

5.1. Abschirmung 106
5.2. Überwachung 108

6. Ökologie (Umweltbeeinflussung) 112

6.1. Emissionen 112
6.2. Abwärme 115

7. Nukleare Entsorgung 118

7.1. Zwischenlagerbecken der abgebrannten Brennelemente 119
7.2. Wiederaufarbeitungsanlage für abgebrannte Brennelemente 120
7.3. Endlagerung des radioaktiven Abfalls 124
7.4. Deutsche Wiederaufarbeitungsanlage 129

8. Nichtverbreitungsvertrag (Kernwaffensperrvertrag) 131

9. Zukünftige Technologien 134
9.1. Kernverschmelzung (Fusionsreaktoren) 136
9.1.1. Tokamak und JET 136
9.2. Sonnenenergie (Solartechnik) 140
9.3. Geothermische Energie (Erdwärme) 146
9.4. Gezeitenenergie 147

Kurzlexikon 149
Tabelle der 105 Elemente 161
Literatur 164
Sachwortverzeichnis 168

1. Brauchen wir überhaupt Kernkraftwerke?

1.1. Standpunkte

Wenn sich dieses Buch um die Beantwortung der gestellten Frage bemüht, so sollen und müssen die Argumente der Befürworter und Gegner der friedlichen Nutzung der Kernenergie, hier speziell der Kernkraftwerke, behandelt, abgewogen und auch bewertet werden.

Von vielen Seiten ist versucht worden, z.B. von den Medien, der Technik und Wissenschaft und nicht zuletzt von der Industrie und Regierung den Bürger über die neue Technologie selbst, aber auch über das Für und Wider der Kernkraftwerkstechnik vielfältig zu informieren. Dennoch wird häufig nicht nur von Kernkraftwerksgegnern der Informationsmangel als wesentliches Argument herausgestellt. In einigen Fällen ist mit der Kernkraftwerksfrage eine Verknüpfung mit anderen Problemkreisen, die den eigenen Lebensraum betreffen, festzustellen. Das macht die Beantwortung der oben gestellten Frage so vielschichtig und komplex.

Verstärktes Umweltbewußtsein, Erkenntnisse über die starke Abhängigkeit der Lebensqualität von der Energie, die Unsicherheit der Arbeitsplätze, die Krisenanfälligkeit unserer Gesellschaft sowie die zugenommene Bürgerferne der Politiker erklären das verstärkte Engagement und schließlich auch die Zuwendung zu den Bürgerinitiativen.

In den akuten Fällen Wyhl, Brokdorf und auch Grohnde haben das Deutsche Atomforum, die Bundesregierung sowie Hersteller und künftige Betreiber von Kernkraftwerken versucht, jedem, an kerntechnischen Fragen interessierten Bürger die Möglichkeit zu geben, sich umfassend zu informieren und in Form von Anhörungen Anregungen und Bedenken vorzubringen.

Noch kein industrielles Bauvorhaben ist durch entsprechende Unterrichtung der betroffenen Bevölkerung so intensiv vorbereitet worden wie der Bau dieser Kernkraftwerke.

Diese Art der Information genügte anscheinend nicht, denn sonst sind die massiven Proteste, die den lokalen Rahmen sprengten, kaum zu erklären.

Unsere heutige Informationspolitik muß, wenn sie Entscheidungshilfe geben soll, sich in einer ganz anderen Weise als bisher auf den Menschen einstellen, sie muß auf seine Unruhe und auf seine Sorge eingehen. Sie muß sachlich, konkret und ehrlich erfolgen, sie muß dem Bürger helfen, Prioritäten zu setzen. Überdies muß die gleiche Informationspolitik im außerparlamentarischen Raum die Bürgerinitiativen als das respektieren, was sie sein wollen und auch sollen, nämlich Helfer für den demokratischen Entscheidungsprozeß unter Berücksichtigung der persönlichen Belange der betroffenen Bürger.

Kernkraftwerksbefürworter in Form von Verbänden, Organisationen, Versorgungsunternehmen u.s.w. bekennen sich – manchmal sogar notgedrungen – zur friedlichen Verwendung der Kernenergie, weil sie für die nächsten Jahrzehnte keine Alternative zur Kernenergie sehen und so die mit der Kernenergie verbundenen Risiken tolerieren. Sie treten ebenso wie die Kernkraftwerksgegner für eine begreifbare, überschaubare, geordnete und friedliche Welt ein, sie sind darüber hinaus bereit, die politische Verantwortung für eine ausreichende und wirtschaftliche Stromversorgung der Bevölkerung mitzutragen. Sie weisen die Bürgerinitiativen, und zwar nicht nur die um die Erhaltung ihrer Heimat besorgten und beunruhigten Bürger, auf die Möglichkeit hin, durch uns alle mehr oder weniger treffende Energiesparmaßnahmen den verminderten Zubau von Kernkraftwerksleistung mitzubestimmen.

Bisher haben sich langfristig in der Technik nur die Wege als fest und entwicklungsfähig erwiesen, die Energien rationell nutzten. Die thermischen Wirkungsgrade von Kraftwerken, heute als konventionelle Technik bezeichnet, wurden von 20 % im Jahre 1920 auf ca. 40 % gesteigert. Das Bemühen um weitere Steigerungen auf 50 ... 60 % im konventionellen Kraftwerk scheiterte trotz aller Kombinationen und des Erfinderreichtums der Ingenieure an Werkstoffproblemen. Hier besteht zunächst eine technologische Grenze.

Die Stromerzeugung aus Kernenergie ist heute bereits wirtschaftlich so interessant, daß sich die Elektrizitätsversorgungsunternehmen (EVU) mit dieser Stromerzeugung befassen müssen. Die EVU in der BR Deutschland sind lt. Gesetz dazu verpflichtet, Strom rationell zu erzeugen und so preiswert wie möglich anzubieten. Daher konzentriert sich das Interesse und das Entwicklungspotential von Herstellern und Betreibern von Kernkraftwerken so stark auf diese neue Technologie. Auf Industriestaatenebene können später auch Wettbewerbsfragen eine wichtige Rolle spielen.

Einen der bedeutendsten Schritte auf dem Wege der Verbesserung der Primärenergienutzung stellt fraglos die Ankopplung der Fernheizung an den Prozeß der Stromerzeugung dar. Die in den mit fossilen Brennstoffen betriebenen Kraftwerken anfallende Abwärme wird bei geringer Leistungseinbuße bereits heute aus 10 % der in der BR Deutschland installierten Kraftwerksleistung zu Heizzwecken genutzt. Ihr weiterer Ausbau wird unter dem Begriff der „rationellen Energienutzung" angestrebt. Die Einbeziehung der Kernkraftwerke in diesen Prozeß ist eine Zukunftsaufgabe, die jedoch eng mit der Realisierbarkeit von Kraftwerksstandorten in Verbrauchernähe und der Sicherheitsfrage verbunden ist.

Unsere Gesellschaft wähnt sich leider noch immer in einem Energieüberfluß, sofortige Energiesparmaßnahmen werden als lästig und unbequem empfunden. Der Weg von der Wegwerfphase zur rationellen Verwendungsphase fängt langsam an kürzer zu werden, aber er ist noch lang genug. Einfache Sparmaßnahmen ohne Dirigismus und ohne wesentliche Beeinträchtigung unserer Lebensqualität könnten – wie die Ölpreiskrise Ende 1973 zeigte – unseren Energiebedarf um 5 ... 10 % herabsetzen.

1.2. Ausgangssituation

Die im vorigen Abschnitt behandelten Standpunkte müssen vor dem Hintergrund der allgemeinen Energiesituation gesehen werden.

Bei der Diskussion um die Kernenergie sei festgehalten, daß

1. die Kernenergie z.Z. nur zur Elektrizitätserzeugung einsetzbar ist, und daß
2. in Industriestaaten und bei ähnlichen klimatologischen Bedingungen wie in der BR Deutschland oder auch in USA ca. 29 % der Primärenergie vom Elektrizitätsbedarf beansprucht werden.

1.2.1. Energiesituation der Welt – Weltproduktion und Weltverbrauch

Die Frage nach der Sicherheit unserer Primärenergieversorgung wird nicht erst seit der Ende 1973 eingesetzten dramatischen Entwicklung der Energieversorgungslage der nichtölproduzierenden Länder diskutiert. An sich bedeuten die Vorgänge auf dem Weltenergiemarkt keine grundsätzlich neue Entwicklung; sie zwingen jedoch mit einer bisher unbekannten Heftigkeit zu einer Beschleunigung des langfristig ohnehin notwendigen Strukturwandels unserer Energieversorgung.

Der Energiebedarf der Welt wird nahezu restlos durch die festen Brennstoffe Steinkohle, Braunkohle, Torf und Holz, die flüssigen bzw. gasförmigen Brennstoffe Erdöl und Erdgas, durch Wasserkraft und seit einiger Zeit zusätzlich aus den Kernbrennstoffen Uran und Thorium gedeckt. 70 ... 80 % des Energiebedarfs wird als Wärmeenergie benötigt. Für den weltweiten zwischenstaatlichen Handel mit primären Energieträgern haben bisher jedoch lediglich Steinkohle und Erdöl erhebliche Bedeutung, während der Export von Erdgas und Kernbrennstoffen in größerem Umfang gerade erst begonnen hat.

Mit der Hälfte des zur Verfügung stehenden Gesamtwärmeäquivalents der sicher nachgewiesenen Energierohstoffvorräte der Welt (Tabelle 1.1) ist die Kohle der wichtigste Primärenergieträger.

Zwar weist Rohöl aus konventionellen Lagerstätten nur einen Teil von knapp 10 % an den Gesamtreserven auf, doch sind zusätzliche Reserven in Ölschiefern und besonders in Ölsanden vorhanden. Die großen Mengen von Rohölen in Schwerstölsanden können zu den gegenwärtigen Kosten der Konkurrenzenergien sowie mit der vorhandenen Technik nur zu einem Bruchteil (ca. 2 %) gewonnen werden.

Sichere Natururanreserven der westlichen Welt von 2,1 Mio. t der Kostenkategorie bis 30 $/lb U_3O_8 können den Bedarf bei reiner Leichtwasserreaktorstrategie bis über das Jahr 2000 decken. Die Reserven verteilen sich auf die einzelnen Länder wie folgt:

USA	25,1 %	Kanada	9,2 %
Schweden	16,6 %	Spanien	5,7 %
Südafrika	15,3 %	Frankreich	3,0 %
Australien	13,4 %		

Tabelle 1.1. Die nachgewiesenen Reserven an Primärenergieträgern 1974

Energieträger	Energiewert	Reservemenge	Wärmeäquivalent 10^9 Gcal	Anteil %
Steinkohle	7 000 kcal/kg	$476 \cdot 10^9$ t	3 332	37,7
Braunkohle	1 900 kcal/kg	$219 \cdot 10^9$ t	416	4,7
Brenntorf	3 000 kcal/kg	$225 \cdot 10^9$ t	675	7,6
Erdöl	10 100 kcal/kg	$85 \cdot 10^9$ t	859	9,7
Ölschiefer (> 42 l/t)	5 000 kcal/kg	$30 \cdot 10^9$ m^3	150	1,7
Schwerstöl aus Sanden	9 800 kcal/kg	$250 \cdot 10^9$ t	2 450	27,7
Erdgas/Erdölgas	8 400 kcal/m^3 (V_n)	$58 \cdot 10^{12}$ m^3 (V_n)	487	5,5
Wasserkraft[1])	2 377 kcal/kWh	$200 \cdot 10^{12}$ kWh	475	5,4
Uran		$1\,107 \cdot 10^3$ t	400/40 000[2])	

[1]) für 100 Jahre

[2]) Etwa 400 Mrd. Gcal bei Einsatz in konventionellen Reaktoren, etwa 40 000 Mrd. Gcal bei Einsatz in Brutreaktoren.

Eine Uranstrategie mit Schnellen Brütern bringt eine wesentliche Schonung der Uranreserven. Der Energiewert der Uranreserven ist nämlich beim vorgesehenen Einsatz im Schnellen Brüter 60 bis 100mal größer als bei der Verwendung in den z.Z. in Betrieb befindlichen Reaktoren.

Neben den sicher nachgewiesenen Vorräten sind für Bedarfsdeckungsprognosen auch die voraussichtlich gewinnbaren, also potentiellen Energiereserven der Welt von Bedeutung.

Die Gesamtenergiegewinnung richtet sich normalerweise nach der Gesamtnachfrage, wobei die Entwicklung des Weltenergiebedarfs hauptsächlich von zwei Faktoren bestimmt wird: vom Wachstum der Bevölkerung und von der Höhe des Lebensstandards. Zwischen 1900 und 1962 hat sich die Weltbevölkerung verdoppelt (auf etwa 3,1 Mrd.), bis zum Jahre 2000 soll es nach Vorausberechnungen der UNO rund 6,5 Mrd. Menschen auf der Erde geben, wovon allein mehr als die Hälfte Asiaten sein werden. Der Energiebedarf der Welt bis zur Jahrhundertwende wird voraussichtlich etwa auf fast das Dreifache der jetzigen Nachfrage ansteigen.

1972 erreichte der Energieverbrauch der Welt 7566 Mio.t SKE gegen nur 4418 Mio.t SKE im Jahre 1962, d.h. innerhalb von 10 Jahren ist der Gesamtenergieverbrauch um fast 70 % gestiegen. Anhand der Tabelle 1.2 ist eine Zuwachsrate für den absoluten Verbrauch von 5,8 % pro Jahr und für den spezifischen Verbrauch pro Einwohner von 3,7 % pro Jahr für das letzte Jahrzehnt zu errechnen.

Bild 1.1 zeigt Gewinnung und Verbrauch von Primärenergie nach Regionen.

Frühere Prognosen vieler Organisationen über den künftigen Weltenergiebedarf mußten nach den substantiellen Preiserhöhungen für Energieträger 1973/74 stark revidiert

Tabelle 1.2. Produktion und Verbrauch von Primärenergie

Region	Gesamtprod. (Mio. t SKE)			Gesamtverbrauch (Mio. t SKE)			Verbrauch pro Einwohner (kg)		
	1973	1962	1952	1973	1962	1952	1973	1972	1962
Westeuropa	622	572	547	1 523	909	636	4 215	4 000	2 731
Nordamerika	2 338	1 533	1 250	2 766	1 654	1 252	11 888	11 526	8 058
Lateinamerika	436	331	177	301	161	78	1 050	950	ca. 600
Afrika	467	99	33	143	72	42	377	363	248
Asien (außer Nahost)	280	186	113	618	255	117	516	481	274
Naher Osten	1 426	408	142	107	36	19	944	857	439
Australien und Ozeanien	101	34	25	91	49	34	4 468	4 275	3 026
Ostblock	2 357	1 349	588	2 247	1 281	582	1 881	1 825	1 255
Welt insgesamt	8 027	4 512	2 876	7 797	4 418	2 760	2 050	1 984	1 423

Quelle: UN, Statistical Yearbook, New York 1960–1975

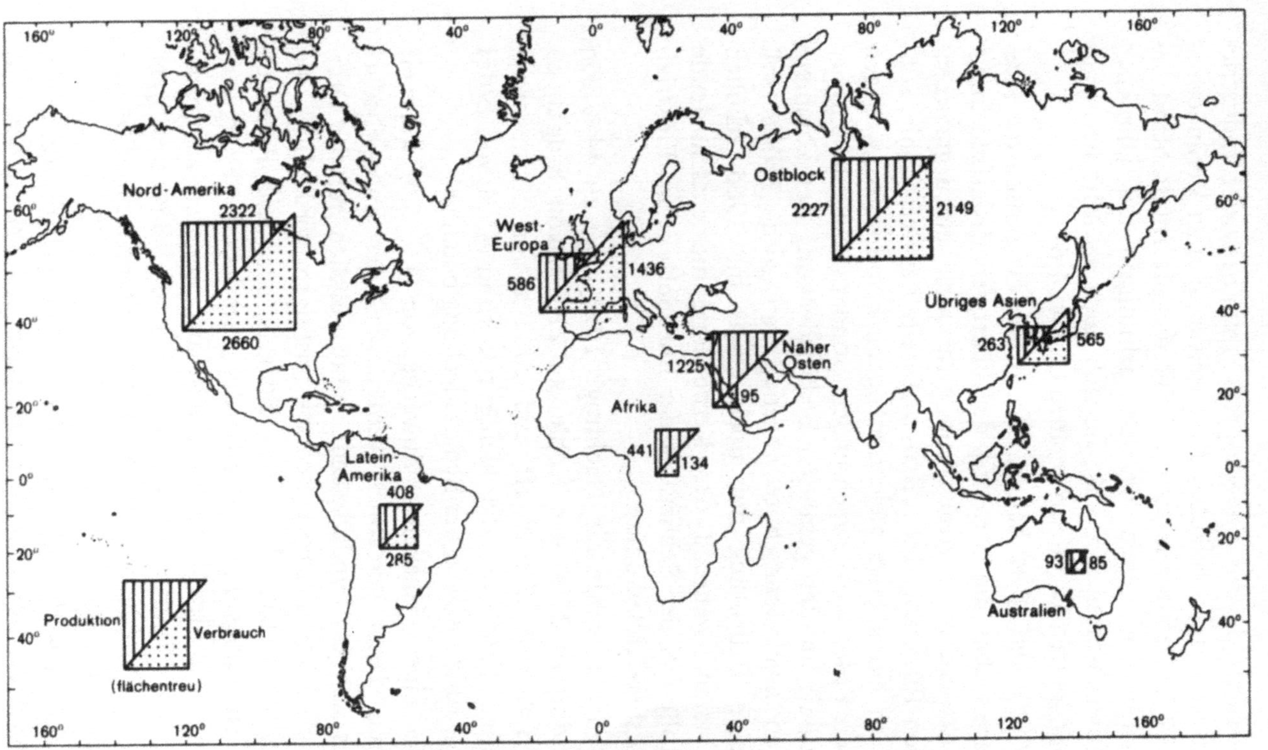

Bild 1.1. Produktion und Verbrauch von Primärenergie 1972 (in Mio. t SKE)

werden, da die Energiesparprogramme vieler Industriestaaten und rückläufige Konjunktur zu einer Veränderung des Bedarfstrends führten. Für die BR Deutschland basieren die neuen Vorausberechnungen auf jährlichen Zuwachsraten um 3 %, die sich auch als Mittelwert aus den letzten 12 Jahren ergaben (s. Bild 1.6).

Völlig verändert haben sich in den Prognosen die Aussagen über die Struktur der künftigen Bedarfsdeckung. Sektoranalysen zeigen nun nicht mehr einen gravierenden Rückgang des relativen Anteils der Steinkohle, sondern einen etwa gleichbleibenden Prozentsatz, wogegen bei Erdöl kein wachsender, sondern ein rückläufiger Anteil an der gesamten Bedarfsdeckung der kommenden zwei Jahrzehnte angenommen wird. Erdgas soll seine Bedeutung nur noch etwas bis 1985 erhöhen können, während der Kernenergie die entscheidende Rolle bei der Schließung der Energielücke im Elektrizitätsbereich zukommt.

Gedeckt wurde die Nachfrage 1973 etwa zu 44 % von Erdöl, zu 32 % von Kohle, zu 21,5 % von Erdgas, zu 1,5 % von Wasserkraft und zu 1 % von Kernenergie. Noch 1966 war die Kohle mit rund 42 % vor Erdöl mit rund 38 % an der Bedarfsdeckung beteiligt.

Bei einem jährlichen Zuwachs von 4 ... 5 % weltweit muß damit gerechnet werden, daß der Energiebedarf bis zur Jahrhundertwende voraussichtlich auf das Dreifache des heutigen Bedarfs ansteigen wird. Über die regionale Verteilung des Bedarfs sind die Aussagen noch unbestimmt. Reicht der verminderte Energiezuwachs in den Industriestaaten aus, um den zu erwartenden Energiebedarfsanstieg auf 6 ... 8 % pro Jahr in den Ländern der Dritten Welt auszugleichen? Sicherlich nicht.

Geht man davon aus, daß der Energiebedarfszuwachs durch die bekannten Energieträger gedeckt werden soll, so müßte von jedem dieser Primärenergien um die Jahrhundertwende das Zwei- bis Dreifache der heutigen Fördermenge erwartet werden. Das ist aus technischen und wirtschaftlichen Gründen undenkbar.

Was ist zu tun, um die vermutlich bereits Ende der 80er Jahre auftretende Energielücke zu schließen? Von der Sonnenenergie, der geothermischen Energie und der Gezeitenenergie sind nur bescheidene und dabei noch ortsgebundene Beiträge zur Schließung dieser Lücke zu erwarten. Größere Beiträge könnte die Kernenergie heute zunächst aus Spalt- und Brutprozessen, später eventuell aus Fusionsprozessen beisteuern.

Aber auch die Kernenergie kann vorerst nur in begrenzter Weise den Energiebedarfszuwachs decken, so daß zu folgern ist, daß, weltweit betrachtet, bis zur Jahrhundertwende die Energieerzeugung aus organischen Brennstoffen noch verdoppelt werden muß. Diese Tatsache wird deshalb die allergrößten Anforderungen an die Weltlagerstätten von Braunkohle, Steinkohle, Erdöl und Erdgas stellen. Der Menschheit muß bewußt werden, daß Rohstoffe ein Geschenk der Natur sind, und daß eine ökonomisch sinnvolle Ausnutzung aller Vorräte langfristig klug und weise ist. Erst seit praktisch 70 Jahren ist der Mensch dabei, mit den Rohstoffen der Erde Raubbau zu treiben. In den letzten 13 Jahren zum Beispiel wurde mehr Erdöl verbraucht als in der Geschichte der Menschheit davor und in den nächsten 15 Jahren kann es wieder mehr als zuvor sein. Wenn das alles so weiter geht, dann werden wir bereits in 100 Jahren unseren Nachkommen eine ausgebeutete Erde hinterlassen.

Dieser Plünderung unseres Planeten kann man nur durch eine unverzüglich einsetzende, wirksame Energieeinsparung – eventuell durch den Preis – sowie durch eine planvolle und systematische Gewinnung aller Bodenschätze begegnen, wobei die Bemerkung gestattet sei, daß die für

Ende des Jahrhunderts erwartete Energieerzeugung durch Kernverschmelzung die Bodenschätze nahezu unangetastet läßt. Das Problem des radioaktiven Abfalls bleibt aber auch hier – wenn auch in weit geringerem Umfang als bei der Kernspaltung – bestehen. Doch darüber mehr am Schluß dieses Buches.

1.2.2. Die Energiesituation in der Bundesrepublik Deutschland

In der BR Deutschland steht langfristig an Primärenergien nur die heimische Kohle in Form von Steinkohle und Braunkohle zur Verfügung. Zwar fördert der deutsche Bergmann je Schicht im Vergleich zu seinen europäischen Kumpels am meisten Kohle, mehr als 4 t, doch steht die heimische Steinkohle im harten internationalen Wettbewerb. Die wahrscheinlichen Kohlevorräte bis 1200 m Tiefe betragen mindestens 230 Mrd. t, wovon ein Zehntel als abbauwürdig angesehen wird. Unter heutigen Förderkapazitäten reicht diese Primärenergie einige hundert Jahre.

Die Braunkohlenvorräte werden auf 62 Mrd. t geschätzt, von denen 55 Mrd. t in der niederrheinischen Bucht zwischen Köln und Aachen lagern. Im Tagebau sind kostengünstig ca. 35 Mrd. t zu gewinnen. Etwa 90 % der Förderung werden z.Z. zur Elektrizitätserzeugung verwendet. Die Förderung erreichte 1976 134,5 Mio. t. Langfristig soll Braunkohle mit Hilfe der Kernenergie vergast werden.

Die heimischen Öllagerstätten sind unbedeutend gegenüber denjenigen der eigentlichen Ölförderländer, auch wenn die BR Deutschland bei einer Jahresförderung 1975 von 5,7 Mio. t mit einem wesentlichen Anteil an der westeuropäischen Förderung beteiligt ist. Die geschätzten eigenen Reserven belaufen sich z.Z. auf 72 Mio. t. Wegen der Erschöpfung ist mit einer jährlichen Abnahme der Förderung um 5 % zu rechnen.

Das verwendete Erdgas wird ebenso wie das Öl zum größten Teil importiert und nur bedingt zur Stromerzeugung eingesetzt. Die eigenen Reserven wurden 1975 auf 305 Mrd. m^3 beziffert. Die eigene Förderung betrug 1974 20,7 Mrd. m^3.

Die kostengünstigen Uranvorkommen der Preisgruppe bis 30 \$/kg U_3O_8 entfallen in Westeuropa vorwiegend auf Frankreich, Portugal und Spanien (s. Abschnitt 1.2.1). Die eigenen Vorräte sind unbedeutend. Auf dem Weltmarkt ist Uran ausreichend verfügbar.

Der Energieverbrauch in der BR Deutschland einschließlich Berlin (West) betrug

1975	ca. 350 Mio. t SKE
1976	ca. 370 Mio. t SKE

Die Aufteilung des Energieverbrauchs auf die einzelnen Energieträger und der Anteil aus heimischen Rohstoffquellen zeigt Bild 1.2. Daraus wird die Importabhängigkeit vom Öl und Erdgas besonders sichtbar. Beim Uran sieht es unter diesem Aspekt noch problematischer aus. Dennoch kann der notwendige Uranbedarf aus westlichen Staaten erworben werden. Deutsche Bergwerksgesellschaften, die sich in aller Welt mit staatlicher Unterstützung an der Uranprospektion und -gewinnung beteiligen, sind allein in der Lage, 60 % des deutschen Bedarfs zu decken. Es muß jedoch damit gerechnet werden, daß eine Verknappung des Urans am Weltmarkt auftritt, die wiederum die Brüterentwicklung forcieren wird.

Die Entwicklung der Mengenanteile der einzelnen Primärenergieträger gehen aus Bild 1.3 hervor.

Die Stromerzeugung benötigte 1976 ca. 108 Mio. t SKE, das sind 29 % des gesamten Energieverbrauchs.

Die Elektrizitätswirtschaft hat sich entsprechend den verminderten Zuwachsraten des Bruttosozialproduktes von

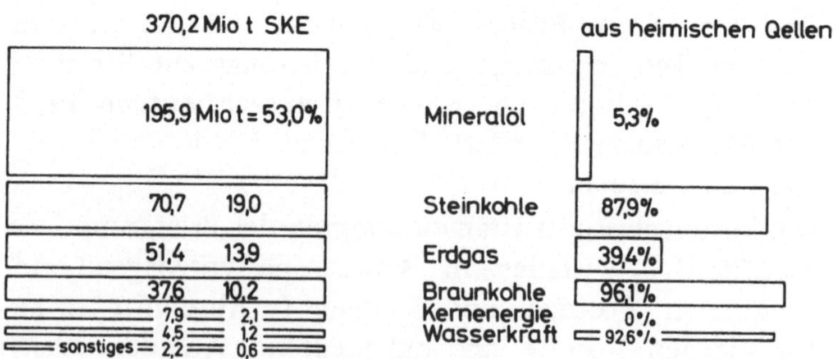

Bild 1.2. Energieverbrauch 1976 in der Bundesrepublik Deutschland

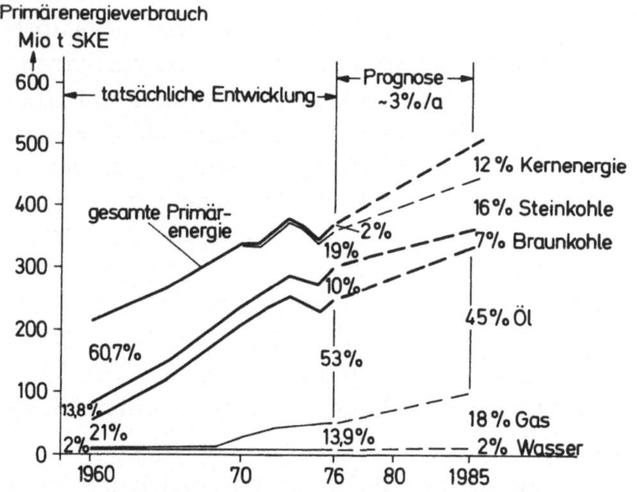

Bild 1.3. Entwicklung des Primärenergieverbrauchs in der Bundesrepublik Deutschland

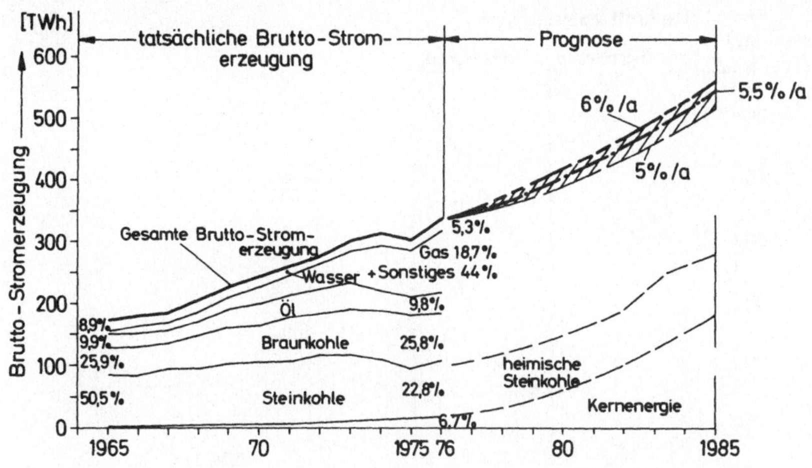

Bild 1.4. Brutto-Stromerzeugung in der Bundesrepublik Deutschland

1970 bis 1976 dem elektrischen Bedarf angepaßt und ihren Kraftwerksausbau verlangsamt (Bilder 1.4 und 1.5).

Veränderungen im Primärenergieeinsatz sind besonders bei der Steinkohle und dem Erdgas zu verzeichnen. Statt des 1976 erwarteten 20 %igen Stromerzeugungsanteils aus Kernkraftwerken wurde nur ein 6,7 %iger Anteil aus 13 Anlagen erzielt. Die Steinkohle hat ihren Marktanteil nicht so sehr auf Kosten der Kernenergie sondern aufgrund des verstromten Erdgases verloren. Wenn das Erdgas infolge der geringeren Umweltbeeinträchtigung seine Stellung weiter ausbaut, kann es für die Elektrizitätswirtschaft zu einer stärkeren Abhängigkeit als vom Öl kommen. Allerdings sind Erdgaskraftwerke bivalent gebaut, so daß bei einer Erdgasverknap-

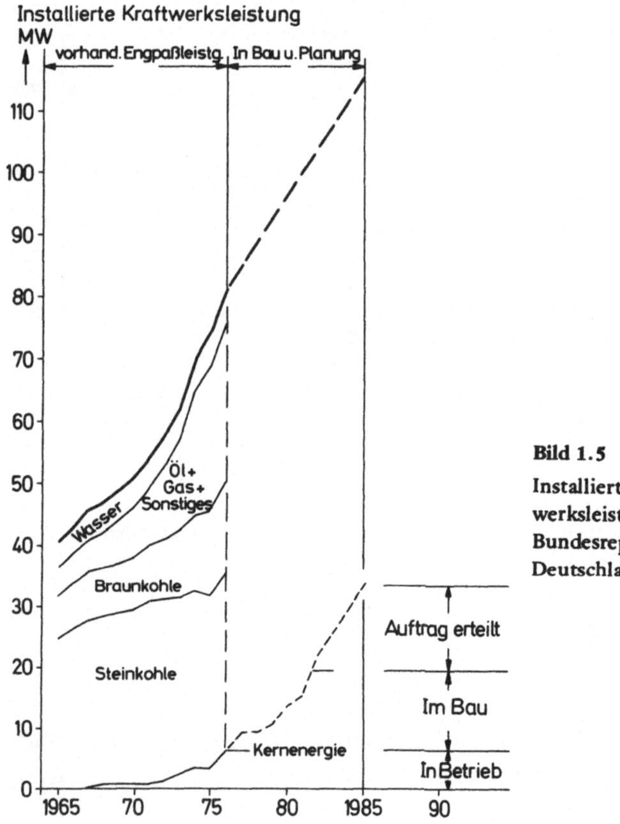

Bild 1.5
Installierte Kraftwerksleistung in der Bundesrepublik Deutschland

pung auf Öl als Primärenergieträger umgestellt werden kann. Dies würde langfristig wieder zu einer verstärkten Ölabhängigkeit führen.

Der neuerdings wieder viel diskutierte Steinkohleverbrauch in der BR Deutschland hat sich wie folgt verändert (in Mio. t SKE)

	1970	1975
Förderung	111,3	92,4
Gesamtverbrauch	97,5	80,0
Kraftwerksanteil	34,7	32,9

1976 ging der Steinkohlebedarf der Elektrizitätswirtschaft auf ca. 28 Mio. t SKE zurück.

Vertragsabschlüsse mit der deutschen Elektrizitätswirtschaft für die Abnahme heimischer Steinkohle, deren Preis z.Z. über dem Preis für Importkohle liegt, über 24 ... 26 Mio. t SKE stehen bevor. Industrie und Bundesbahn werden den Zechen weitere 6 Mio. t SKE abnehmen.

Mit dieser Kohle und den übrigen Energieträgern wie Braunkohle, Öl, Erdgas, Wasser und auch Kernenergie hat die deutsche Elektrizitätswirtschaft selbst unter stark schwankenden Wachstumsraten des Sozialprodukts ihre Aufgabe reibungslos erfüllt, den Strombedarf der gesamten Wirtschaft und Bevölkerung so sicher, umweltfreundlich und preiswert wie möglich zu decken. Zu dieser Aufgabe gehörte die rechtzeitige Planung und Verwirklichung einer ausreichenden Kapazität an Erzeugungs- und Verteilungsanlagen.

Das Abwägen aller den Strombedarf beeinflussenden Umstände, so u.a. die Umweltfreundlichkeit von Erzeugung, Fortleitung und Anwendung der Elektrizität, die weitere Rationalisierung sowie der technische Fortschritt in Industrie und Gewerbe, die Erhaltung der Wettbewerbsfähigkeit unserer Wirtschaft und damit des Lebensstandards der Bevölkerung, die sprunghaft ansteigenden Maßnahmen zum Umweltschutz sowie der weiter ansteigende Bedarf in dem privaten Haushaltsbereich zeigt, daß auch künftig der Ausbauplanung der Kraftwerkskapazitäten relativ hohe Zuwachsraten zugrunde gelegt werden müssen.

Aus dem Verlauf der Kurven für das Bruttoinlandsprodukt (BIP $\approx$ Bruttosozialprodukt) und den gesamten Stromverbrauch (Bild 1.6) kann trotz aller Unsicherheit der Prognosen geschlossen werden, daß auch in den nächsten Jahren die Wachstumsrate des Strom-

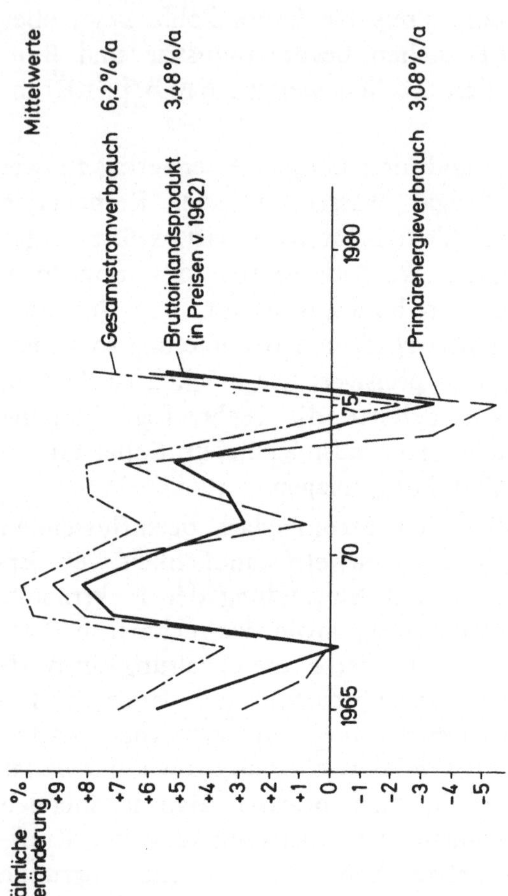

Bild 1.6. Jährliche Zuwachsraten

verbrauchs nicht unwesentlich über der Wachstumsrate des Bruttoinlandsproduktes liegen wird. Insgesamt sind z.Z. in der BR Deutschland 82 000 MW Kraftwerksleistung installiert, die im Jahr 1976 ca. 333 Mrd. kWh erzeugten.

Selbst bei einer vorsichtigen Prognose von 3 ... 4 % für die Wirtschaftswachstumsraten der nächsten zehn Jahre muß mit einem jährlichen Stromverbrauchszuwachs von 5 ... 6 % gerechnet werden. Daraus folgt, daß der Stromverbrauch in zehn Jahren um ca. 15 ... 20 Mrd. kWh ansteigen wird. Dieser Bedarf bei etwa gleicher Benutzungsdauer des Verbrauchs könnte z.B. dadurch gedeckt werden, daß jährlich zwei bis drei weitere Kernkraftwerksblöcke mit einer Leistung von 1 300 MW errichtet werden.

Dieser Ausbaustrategie für die Kraftwerksleistung liegt das heute praktizierte Planungs- und Genehmigungsverfahren zugrunde. Für die Errichtung von Kernkraftwerken werden ähnlich wie für konventionelle Grundlast-Kraftwerke 6 ... 8 Jahre an Genehmigungs- und Bauzeit benötigt. Hier gilt es für alle am Genehmigungsverfahren Beteiligten, auch für die Bürgerinitiativen, durch sachliche Erörterungen der Anregungen und auch der Bedenken wieder mehr Handlungsspielraum zu gewinnen, um sich dem Elektrizitätsbedarf flexibler anpassen zu können.

Da in der BR Deutschland die Wasserkräfte ausgebaut sind, die Braunkohle, die evt. auch zur Vergasung genutzt werden soll, nur noch wenig Erweiterungsmöglichkeiten aufweist, bieten sich für die Deckung der Grundlast des Bedarfs nur noch Steinkohle und Kernenergie als Primärenergieträger an.

Die Errichtung zusätzlicher Öl- und Erdgaskraftwerke würde dem energiepolitischen Ziel der BR Deutschland, die Abhängigkeit insbesondere vom Mineralöl zu mindern, widersprechen. Auch Steinkohlenkraftwerke bieten keine ausreichende Alternative. Um den vorstehend ermittelten Zuwachsbedarf eines Jahres zu decken, müßten jedes Jahr etwa 5 ... 6 Mio. t SKE zusätzlich zur Verfügung gestellt werden; diese Zusatzmenge würde sich in den nächsten zehn Jahren auf 50 ... 60 Mio. t SKE Steinkohle pro Jahr erhöhen. Dafür wäre es erforderlich, alljährlich sechs bis sieben moderne Steinkohlenkraftwerksblöcke, bis 1985 somit 40 ... 50 neue Steinkohlenkraftwerke zu errichten.

Ein solches Vorhaben ist völlig unrealistisch, da die hier erforderlichen zusätzlichen Brennstoffmengen von der deutschen Steinkohle überhaupt nicht zur Verfügung gestellt werden können, von Standortproblemen für Kohlekraftwerke ganz zu schweigen.

Heute sind nicht nur Kernkraftwerksprojekte sondern ebenfalls mehrere Kohlekraftwerksprojekte mit einer Gesamtleistung von ca. 7700 MW durch Einsprüche am geplanten Ausbau behindert.

Bei dem derzeitigen Strombedarfstrend könnte ohne neue Kernkraftwerke bereits Anfang der 80er Jahre ein Engpaß in der deutschen Stromwirtschaft mit empfindlichen Auswirkungen für jeden einzelnen auftreten. Bei einer Stillegung der in Betrieb befindlichen Kernkraftwerke würde ab sofort Reserveleistung beansprucht werden, die für Störungen der normalen Versorgung vorgehalten wird. Schwerwiegende Versorgungsengpässe könnten bereits 1980/81 eintreten. Zudem ist eine Stromerzeugung aus Steinkohle etwa um ein Drittel teurer als in Kernkraftwerken. Das würde insbesondere die stromintensiven Industriezweige erheblich belasten und sowohl ihre Wettbewerbsfähigkeit auf dem Weltmarkt in Frage stellen als auch zahlreiche Arbeitsplätze im Inland gefährden.

Es besteht kein Zweifel, daß zukünftig Steinkohle als auch Kernenergie ihren Beitrag zur Sicherung der Stromversorgung leisten müssen. Aufgrund der Kostenstruktur hat dabei die Kernenergie ihren Platz im Grundlastbereich, während die Steinkohle zur Deckung der Mittel- und Spitzenlast benötigt wird.

Hierbei muß vorausgesetzt werden, daß die neuen Kohlekraftwerksprojekte auch mit Hilfe von Bürgerinitiativen realisiert werden können. Bei fossilgefeuerten Kraftwerken ist das Umweltproblem (Bedingungen des Bundesimmissionsschutzgesetzes) vorherrschend.

Unsere bisherige Information sollte die Standpunkte über Für und Wider in bezug auf Kernkraftwerke lediglich kommentieren, keineswegs verhärten. Nachstehende Alternative steht aber bereits im Raum, eine Stellungnahme hierzu halten wir für unausweichlich.

Entweder verzichtet die deutsche Wirtschaft auf weiteres Wachstum mit allen Konsequenzen für ihre Wettbewerbsfähigkeit auf dem Weltmarkt und für den Lebensstandard jedes einzelnen oder der Ausbau von Kernkraftwerken und Kohlekraftwerken muß den jeweiligen Bedarfsplänen gemäß fortgesetzt werden.

Die Elektrizitätswirtschaft bekennt sich seit jeher zu dem Grundsatz, daß der Reaktorsicherheit und dem Schutz der Bevölkerung vor etwaigen Gefahren der Kernenergie absolute Priorität zukommt. Dieser Forderung tragen die in der BR Deutschland geltenden Sicherheitsbestimmungen und die nach diesen Vorschriften errichteten Kernkraftwerke in optimaler Weise Rechnung.

Entsprechendes gilt für die Wiederaufarbeitung abgebrannter Brennelemente und für die Endlagerung radioaktiver Abfälle, deren Anlagen ebenfalls in der Genehmigung und dem Betrieb unter das Atomgesetz fallen. Die Elektrizitätswirtschaft hat für diese Aufgabe eine eigene Gesellschaft gegründet. Die Planung ist auf der Grundlage einer bewährten Technologie darauf abgestellt, daß Ende der 80er Jahre die eigene Entsorgung möglich ist und damit auch künftig für die Kernkraftwerke in der BR Deutschland eine sichere Anlage gewährleistet werden kann, sofern die BR Deutschland den erforderlichen Standort für die Entsorgungsanlage zeitgerecht zur Verfügung stellt (vgl. Kapitel 7, Nukleare Entsorgung).

Sicherheits-, Strahlenschutz- und Umweltfragen werden in späteren Kapiteln dieses Buches ausführlich behandelt, so daß wir uns anschließend mit dem Restrisiko der Kernenergie beschäftigen können, worunter das noch verbleibende Risiko der Technologie trotz aller eingesetzten Sicherheitstechniken verstanden werden soll. Es kann den Wert „Null" nie erreichen.

1.3. Das Restrisiko bei Kernkraftwerken

Die Handhabung jeder Technologie hat bisher immer ein Risiko bedeutet, ganz gleich ob es z.B. um die Dampfmaschine, das Auto oder das Flugzeug ging. Die technologische Entwicklung hat mit erstaunlicher Rasanz hochindustrielle Komplexe und Aggregate entstehen lassen, zu denen auch die heutigen Kernkraftwerke zählen, die der Mensch von heute nur noch schwer verstehen kann. Was in einem Kernreaktor passiert, ist vom Außenstehenden nicht mehr nachvollziehbar. Mit dem in der Kerntechnik benutzten Begriff „Restrisiko" wird im Vergleich zu den Dingen des täglichen Lebens die Sicherheitsproblematik verständlicher und dennoch nicht vorstellbar.

Durch die Verknüpfung der Versagenswahrscheinlichkeit eines technischen Geräts oder einer technischen Anlage mit den Schadensfolgen ergibt sich ganz allgemein das Risiko, das mit der Verwendung einer Technik verbunden ist. Der Schadensumfang wird zum Bewertungsmaßstab für die Versagenswahrscheinlichkeit.

Risikoanalysen gibt es nicht erst seit Einführung der Kerntechnik, sie fanden schon seit langem vielseitig Anwendung, so z.B. in der Bautechnik und in der Flugzeugindustrie. Das Restrisiko ist nach diesen Analysen das mathematisch noch vorhandene Risiko der eingesetzten Technologie trotz der vorhandenen und von Genehmigungsbehörden geforderten Sicherheitseinrichtungen. Das Restrisiko muß deshalb genannt und erläutert werden, weil dies die einzige Vergleichsskala bietet.

Neuere wahrscheinlichkeitstheoretische Ansätze zur Bestimmung der Zumutbarkeit des Einsatzes der Kerntechnik zur Elektrizitätserzeugung können vorläufig nur bedingt eine zahlenmäßige Abschätzung der hypothetischen Störfallwahrscheinlichkeiten liefern, da auf der ganzen Welt erst Erfahrungen von kumulierten 1200 Reaktorbetriebsjahren aus 170 Kernkraftwerken vorliegen.

Durch den hohen Standard technischer Schutzeinrichtungen bei Kernkraftwerken wird die Wahrscheinlichkeit für das Eintreten eines schweren Störfalles mit Spaltproduktfreisetzung in die Umgebung extrem niedrig gehalten. Die durch die Nähe eines Kernkraftwerkes eintretende Risikoerhöhung für die Gesundheit und das Leben der Bürger wird von den üblichen Risiken des täglichen Lebens erheblich übertroffen. Vergleicht man die Gesamtrisiken, die Kraftwerke auf die Einwohner ihrer Umgebung ausüben, so stehen diese von Kernkraftwerken zu Kohlekraftwerken in einem Verhältnis von 1 : 500.

Das Restrisiko für einen hypothetischen Unfall, d.h. für einen Unfall, den es bisher noch nie in einem Kernkraftwerk gab, das entscheidenden Einfluß auf die Umgebung hat, liegt unter dem Risiko von Naturkatastrophen. Es erreicht z.Z. die Größenordnung, im Leben von einem Meteoriten getötet zu werden.

Deutsche Kernkraftwerke weisen einen höheren Sicherheitsstandard als die Anlagen anderer Länder, z.B. USA,

Frankreich und Großbritannien, auf. Auch der Vergleich mit zivilisatorischen Ereignissen (Bild 1.7) ergibt immer noch den Faktor 500 bis 1 000 unwahrscheinlicher in der Eintrittswahrscheinlichkeit für ein solches Ereignis.

Trotz aller beruhigenden Vergleichsdaten bleibt es letzthin unserer Gesellschaft vorbehalten, an der politischen Entscheidung mitzuwirken, das Restrisiko der Kern-

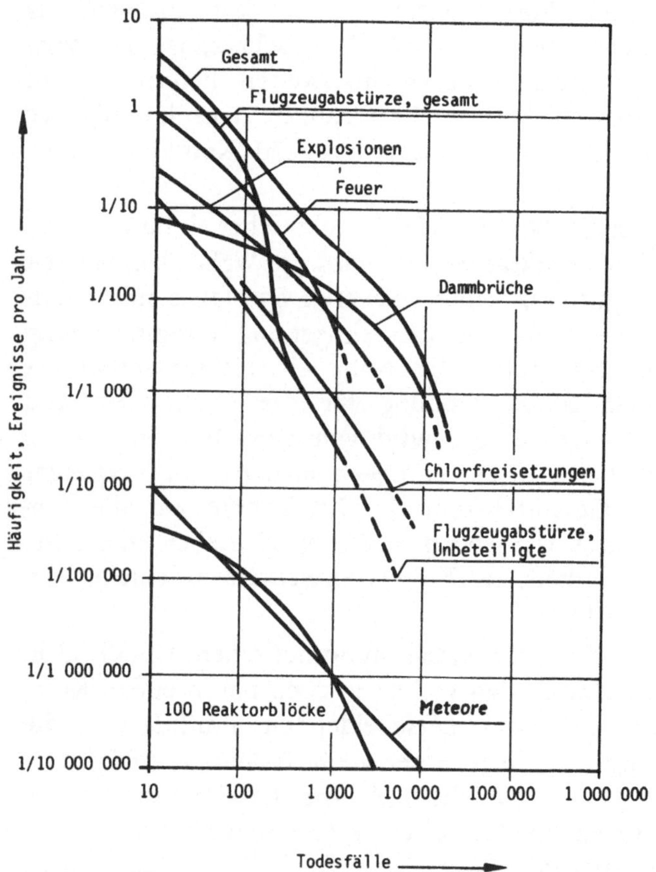

Bild 1.7. Häufigkeit von Todesfällen auf Grund zivilisationsbedingter Ereignisse

kraftwerkstechnologie im Interesse eines weiteren vernünftigen Wachstums unserer Wirtschaft in Kauf zu nehmen oder nicht.

1.4. Zielvorstellungen für den Kernkraftwerksausbau in der Bundesrepublik Deutschland

Anfang 1977 waren in der BR Deutschland 13 Kernkraftwerke (davon 4 Versuchsreaktoren) mit einer elektrischen Nettoleistung um 6000 MW in Betrieb.

Die Nettoleistung der im Bau befindlichen Kernkraftwerke beträgt 9750 MW.

Im Genehmigungsverfahren befinden sich Kernkraftwerke mit einer Nettoleistung um 8700 MW einschließlich der Kernkraftwerke Wyhl und Brokdorf.

Das Projektziel der deutschen Bundesregierung für 1985 ist eine Kernkraftwerksleistung um 30 000 MW, die nach der augenblicklichen Disputsituation als eine Höchstgrenze angesehen werden muß.

Ein Rückblick zeigt, daß im Jahr 1976 Kernkraftwerke in der BR Deutschland ca. 22 300 GWh Strom erzeugt haben, das sind ein Drittel des Haushaltsstromverbrauchs oder 6 % des Industriestromverbrauchs.

2. Kernkraftwerke: Technischer Teil

2.1. Grundlagen

Kernkraftwerke sind thermische Kraftwerke, die ihre Wärme aus der Kernspaltungsenergie beziehen. Die Wärme für den Kraftwerksprozeß entsteht bei der Spaltung des Urankerns zu über 90 % in den Brennelementen.

Natürliches Uran besteht zu 99,29 % aus dem schwer spaltbaren Uran-238 und zu 0,71 % aus dem spaltbaren Uran-235. Unter Uran-238 und Uran-235 werden zwei Isotope des Urans verstanden.

Zum Verständnis der Spaltung von Atomkernen sei vorausgesetzt, daß sich der Atomkern aus zwei Arten von Kernbestandteilen (Nukleonen) fast gleicher Masse, den Protonen und den Neutronen, zusammensetzt. Protonen besitzen eine positive Elementarladung, die Neutronen sind ungeladen. Zwischen Neutronen und Protonen herrschen starke Kernbindungskräfte. Um den positiv geladenen Kern bewegen sich auf bestimmten Bahnen in der Atomhülle die negativ geladenen Hüllelektronen. Im Normalzustand ist die Anzahl der Hüllelektronen gleich der Anzahl der Protonen im Atomkern (elektrisch neutrales Atom). Die Masse eines Elektrons beträgt etwa 1/1840stel der Masse eines Protons bzw. Neutrons.

Die Anzahl der Protonen eines Elements wird als Kernladungszahl oder Ordnungszahl bezeichnet. Die Gesamtzahl der Protonen und Neutronen im Atomkern ist gleich der Massenzahl (s. Erläuterungen und Tabelle der 105 Elemente).

Die Kernspaltung selbst läßt sich durch das Modell eines flüssigen Tropfens zumindest qualitativ deuten. Das Tropfenmodell versagt jedoch gegenüber Feinheiten, die z.T. von anderen Kernmodellen (z.B. Schalenmodell, Kollektivmodell, Compoundkernmodell, optisches Modell) erfaßt werden können. Nach dem Tropfenmodell verhält sich jedes Nukleon im Atomkern weitgehend wie eine starre Kugel und ist mit einer ganz bestimmten Bindungsenergie nur an die unmittelbar benachbarten Nukleonen gebunden. Schwere Kerne neigen nach diesem Modell zu einer länglichen Form, was bei ausreichender Anregungs- bzw. Schwingungsenergie des beim Neutronenbeschuß gebildeten Zwischen- oder Compoundkerns über eine Einschnürung zu einer Spaltung führen kann (Bild 2.1).

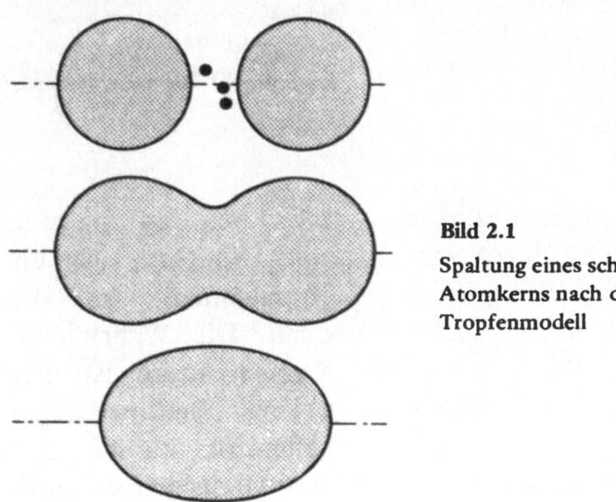

Bild 2.1
Spaltung eines schweren Atomkerns nach dem Tropfenmodell

Im Falle des Uran-235-Kerns (^{235}U oder U-235) fliegen zwei mittelschwere Atomkerne (z.B. Molybdän-95 und Lanthan-139) als Folge der elektrischen Abstoßung mit großer kinetischer Energie (ca. 10 % der Bindungsenergie der Kerne) als Bruchstücke davon, die sich in der umgebenden Materie (bei Kernkraftwerken vorwiegend im Brennelement des Reaktorkerns) durch Reibung in Wärme umwandelt. Die bei der Spaltung entstehenden Atomkerne werden Spaltprodukte oder Spaltfragmente genannt (Bild 2.2).

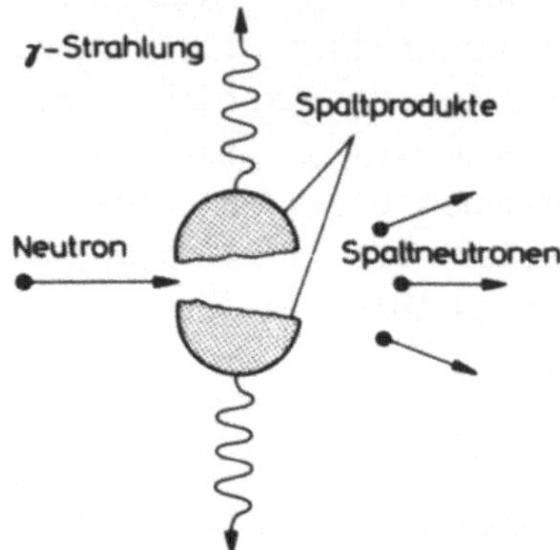

Bild 2.2
Spaltung des ^{235}U-Kerns durch thermische Neutronen

Neben den Spaltprodukten werden bei der Spaltung des ^{235}U-Kerns durch ein langsames Neutron zwei bis drei schnelle Neutronen (Spaltneutronen) frei, die weitere ^{235}U-Kerne spalten können. Die Wahrscheinlichkeit zur Fortsetzung der Kettenreaktion ist erst nach Abbremsung (Moderation) der Spaltneutronen durch Stöße mit Kernen des Moderators bis auf thermische Geschwindigkeit (rd. 1/30 eV) besonders groß. Auch dieser kinetische Energieverlust wird zum größten Teil in Wärmeenergie umgewandelt.

Die Energieverteilung je Spaltung eines ^{235}U-Kerns zeigt nachstehende Tabelle:

Durchschnittliche Energieverteilung für eine Spaltung des ^{235}U-Kerns in MeV.

Prompte Spaltungsenergie	
1. Kinetische Energie der Spaltprodukte	168 MeV
2. Kinetische Energie der schnellen Neutronen	5 MeV
3. Energie der prompten γ-Strahlen	5 MeV
Radioaktiver Zerfall der Spaltprodukte	
4. β-Strahlung	7 MeV
5. γ-Strahlung	6 MeV
6. Neutrinos (unabsorbierbar)	(11 MeV)
Reaktionen mit Neutronen ohne Spaltungen	
7. β- und γ-Strahlung	7 MeV
Absolut absorbierte Energie im Reaktorkern und Schild	198 MeV
Absolut gewonnene Energie im Primärkühlmittel	192 MeV

192 MeV = $3{,}1 \cdot 10^{-11}$ Ws = $7{,}4 \cdot 10^{-12}$ cal (s. Kurzlexikon)

Der überwiegende Teil der Energieumsetzung in Wärme erfolgt im Brennstoff, ein Teil wird im Kühlmittel und Moderator direkt absorbiert (4 ... 7 %) und der Rest im thermischen und biologischen Schild (1 %). Daher müssen nicht nur die Brennstäbe, in deren Achse beim Betrieb ca. 2 000 °C herrschen, gekühlt werden sondern auch die Strahlung absorbierenden Teile.

Innerhalb der Uranmasse ergibt sich die Möglichkeit für eine sich selbst unterhaltende Kettenreaktion, die bei genügend vorhandenen ^{235}U-Kernen lawinenartig anschwillt (Bild 2.3).

Will man jedoch keinen explosionsartigen Ablauf der Kettenreaktion sondern eine bestimmte Leistung, so bedarf es einer Anordnung, in der eine Kettenreaktion gesteuert und kontrolliert abläuft. In einer solchen Anordnung, einem Reaktor, überschreitet die Kettenreaktion weder alle Grenzen, noch kommt sie wegen

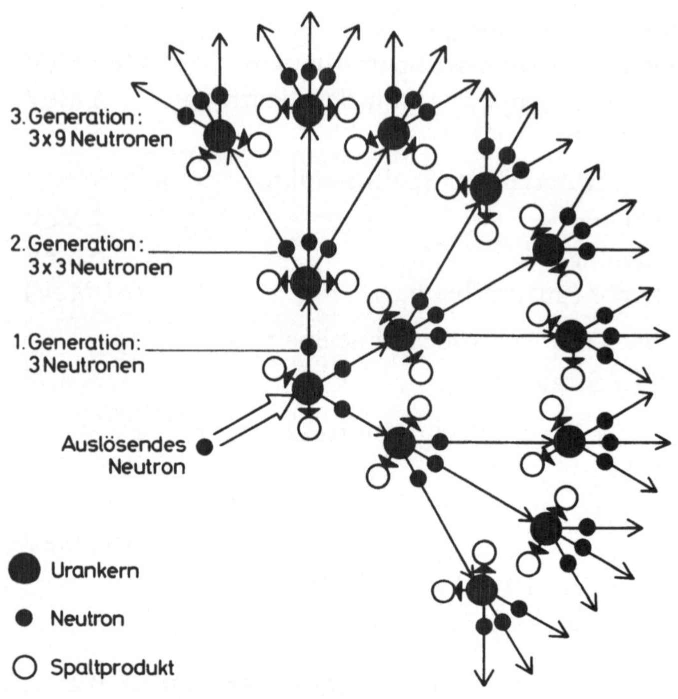

Bild 2.3. Schema der Kettenreaktion

Neutronenmangels zum Erliegen. Zur Unterhaltung der Kettenreaktion muß der Reaktor so gesteuert werden, daß stets eines der bei einer Spaltung freiwerdenden zwei bis drei Neutronen wieder eine Spaltung herbeiführt. Zum Anfahren eines Reaktors bedient man sich einer zusätzlichen Neutronenquelle.

In den meisten der heute arbeitenden Kernkraftwerke werden die Spaltneutronen im Reaktor durch Wasser abgebremst (moderiert), ehe sie die Kettenreaktion fortführen können. Wasser (H_2O = Leichtwasser) wird nur dann als Moderator verwendet, wenn die Neutronenbilanz dies zuläßt, wenn z.B. mit ^{235}U angereichertes Uran als Brennstoff genügend Spaltneutronen zur Aufrechterhaltung der Kettenreaktion liefert. Bei Leichtwasserreaktoren muß das seltene Isotop ^{235}U gegenüber seiner natürlichen Häufigkeit (0,71 %) auf 2 ... 3 % angereichert werden.

Neben der Wärmeenergie durch Kernspaltung mittels langsamer oder thermischer Neutronen wird in jedem Reaktor, der mit einem Isotopengemisch aus ^{238}U und ^{235}U arbeitet, in geringem Maße auch das Plutoniumisotop ^{239}Pu erzeugt, das durch Anlagerung eines Spaltneutrons an den ^{238}U-Kern über Zwischenkerne gebildet wird. Der ^{239}Pu-Kern wiederum läßt sich ebenso wie der ^{235}U-Kern mit thermischen Neutronen spalten.

Ein ähnlicher Umwandlungsprozeß ist mit dem in der Natur ebenso häufig wie Uran vorkommenden Element Thorium (Th) möglich. Durch Anlagerung eines Neutrons an den ^{232}Th-Kern entsteht über Zwischenkerne der ^{233}U-Kern, der ebenfalls durch thermische Neutronen spaltbar ist.

Zur Aufrechterhaltung der Kettenreaktion wird, wie Bild 2.3 zeigt, ein Neutron gebraucht. Da bei der Spaltung des ^{235}U-Kerns zwei bis drei Neutronen frei werden, besteht grundsätzlich die Möglichkeit, mittels eines Reaktors unter bestimmten physikalischen Voraussetzungen aus dem schwer spaltbaren ^{238}U bzw. ^{232}Th mehr spaltbares Material zu erzeugen als gleichzeitig unter Energieerzeugung verbraucht wird. In diesem Fall spricht man vom Brutprozeß, den Reaktor nennt man Brüter. Bei den „Schnellen Brütern", die schnelle (ungebremste) Neutronen verwenden, wird mehr spaltbares ^{239}Pu erzeugt, als ^{238}U verbraucht wird, bei den „Thermischen Brütern", die überwiegend thermische Neutronen verwenden, wird mehr spaltbares ^{233}U erzeugt, als ^{232}Th verbraucht wird. In Bild 2.4 wird der

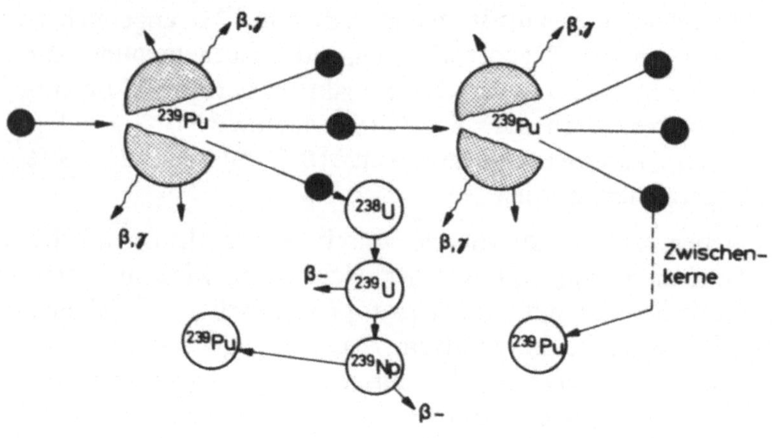

Bild 2.4. Brutprozeß

Brutprozeß durch ein schnelles Neutron aus dem Spaltstoff ^{239}Pu eingeleitet. ^{238}U wird hierbei durch schnelle Neutronen in ^{239}Pu umgewandelt.

Das Ziel ökonomischer Brennstoffnutzung besteht darin, möglichst den gesamten schwer spaltbaren Brennstoff (^{238}U bzw. ^{232}Th) in Spaltstoff (^{239}Pu bzw. ^{233}U) umzuwandeln. Die bisherige Entwicklung der Schnellen Brüter läßt eine mindestens 50mal bessere Ausnutzung des nuklearen Brennstoffes als bei den heutigen Kernkraftwerken mit Leichtwasserreaktoren erkennen. Das hat für den Abbau von Uranvorkommen erhebliche Konsequenzen; Funde mit geringem Urangehalt sind dann noch wirtschaftlich abbauwürdig.

Wird unter dem Brutfaktor das Verhältnis der beim Betrieb eines Brüters erzeugten zur verbrauchten Spaltstoffmenge verstanden, so haben Schnelle Brüter einen besonders hohen Brutfaktor, der je nach Typ zwischen

1,1 und 1.5 neu erzeugten spaltbaren Kernen je Spaltung liegt. Bei Thermischen Brütern wird ein Brutfaktor erwartet, der wegen der größeren Absorption der thermischen Neutronen nur knapp 1 überschreitet.

Erwähnenswert ist, daß es schon 1951 (!) mit dem in den USA erbauten ersten Schnellen Brüter gelungen ist, einen Brutfaktor über 1 zu erzielen.

2.2. Reaktoraufbau und Reaktortypen

Die in Betrieb und Bau befindliche Kernkraftwerksleistung erstreckt sich zu über 70 % auf die Druck- und Siedewasserreaktoren, die wegen ihrer Wasserkühlung und -moderierung als Leichtwasserreaktoren bezeichnet werden. Diese Reaktorbaulinien stellen heute die wirtschaftliche Basis der Nutzung der Kernenergie in Kernkraftwerken weltweit dar.

2.2.1. Druckwasserreaktoren

Bei Kernkraftwerken mit Druckwasserreaktoren (Bild 2.5) wird die im Reaktor (1) durch Kernspaltungen erzeugte Wärme mittels eines geschlossenen Reaktorkühlsystems (Primärkreislauf) in den Dampferzeugern (2) an den Speisewasser-Dampfkreislauf (Sekundärkreislauf) übertragen. Der in den Dampferzeugern (2) erzeugte Dampf treibt den Turbogenerator wie im herkömmlich fossil geheizten Dampfkraftwerk an. Der Umlauf des Primärwassers wird durch die Hauptkühlmittelpumpen (3) erzwungen. Durch den an das Primärkreislaufsystem angeschlossenen elektrisch beheizten Druckhalter (4) wird ein hoher Überdruck (z.B. 155 bar) erzeugt und so ein Sieden des Wassers trotz der relativ hohen Reaktoraustrittstemperatur (z.B. 320 °C) verhindert. Die Wände der Rohre im Dampferzeuger trennen die beiden

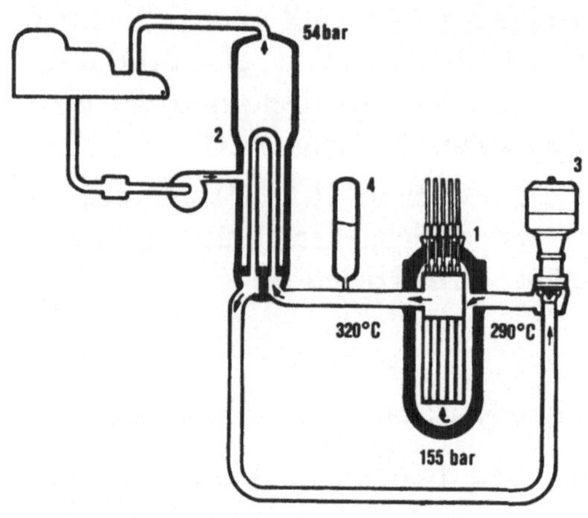

Bild 2.5. Schema eines Kernkraftwerks mit Druckwasserreaktor
1 Reaktor, 2 Dampferzeuger, 3 Hauptkühlmittelpumpe, 4 Druckhalter

Kreisläufe druckdicht. Dadurch können keine radioaktiven Stoffe aus dem Reaktorbereich direkt in den Speisewasser-Dampfkreislauf gelangen.

In den Dampferzeugern wird Sattdampf oder schwach überhitzter Dampf (z.B. 54 bar, 269 °C) erzeugt. An einen Reaktor sind mehrere (2 bis 4) Primärkreisläufe (Loops) mit einer entsprechenden Zahl von Dampferzeugern und Umwälzpumpen angeschlossen.

Der Reaktorkern (Core) befindet sich innerhalb des Reaktordruckbehälters (Bild 2.6). Bei modernen Druckwasserreaktoren besteht das Core aus einer größeren Anzahl meist äußerlich gleicher Brennelemente, die ihrerseits aus einzelnen Brennstäben von rd. 1 cm Durchmesser zusammengesetzt sind.

Die insgesamt 193 Brennelemente des Kernkraftwerkes Biblis B (1 300 MW) bestehen beispielsweise aus Bündeln mit je 236 Brennstäben von 3 900 mm Länge (aktive Uranoxidlänge) und 10,75 mm Außendurchmesser. Ein

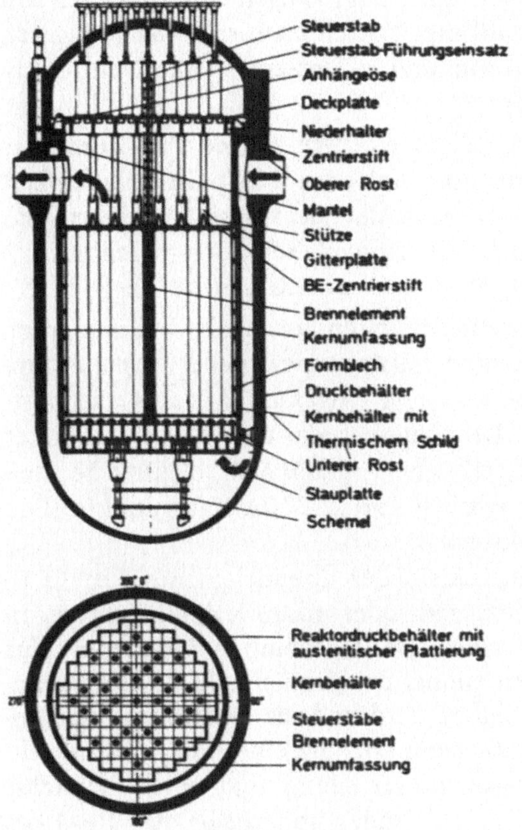

Bild 2.6. Reaktordruckbehälter mit Einbauten

Teil der Brennelemente enthält Steuerstäbe, deren Neutronen absorbierende Finger von oben in das Brennelement eingreifen.

Die Brennstäbe enthalten als Brennstoff gesinterte Tabletten aus angereichertem UO_2 mit etwa 3 % ^{235}U-Gehalt. Als Hüllrohrwerkstoff für die Brennstäbe werden heute nur noch Zirkonlegierungen verwendet. Zirkon hat gegenüber Stahl den Vorteil einer sehr viel geringeren Neutronenabsorption und verbessert so die Neutronenökonomie im Core.

Die in den Brennstäben erzeugte Wärme wird durch das in den Brennelementen mit etwa 4 m/s Geschwindigkeit von unten nach oben strömende Wasser abgeführt. Das Wasser übernimmt bei diesem Reaktortyp demnach 2 Funktionen, es ist Moderator und Kühlmittel zugleich.

Mit derartigen Brennelementen lassen sich bei modernen Druckwasserreaktoren mittlere spezifische Wärmeleistungen von 30 ... 40 kW je kg eingesetzten Urans und mittlere thermische Leistungsdichten um 100 kW je Liter Reaktorvolumen erreichen. 1 300 MW elektrische Leistung benötigen jährlich 190 ... 230 t Natururan (U_3O_8) bei einem Lastfaktor 0,8.

Die mittlere Einsatzzeit der Brennelemente liegt z.B. bei 1 000 Vollasttagen oder rd. 3 Kalenderjahren. In der Praxis wird meist ein sogenannter 3-Zonen-Zyklus gefahren, bei dem einmal pro Jahr ein Drittel des Brennstoffeinsatzes erneuert wird und die im Core verbleibenden Brennelemente zur Erzielung einer möglichst gleichmäßigen Leistungsdichteverteilung und eines möglichst gleichmäßigen Uranabbrandes innerhalb des Reaktors umgesetzt werden.

Die Reaktorleistung wird mit Hilfe von Neutronenabsorbern geregelt. Für schnelle Reaktivitätsänderungen werden die bereits erwähnten Steuerstäbe eingesetzt. Langsamer erfolgende Reaktivitätsänderungen werden in der Regel mit flüssiger, im Wasser gelöster Borsäure beherrscht, deren Konzentration mit Hilfe geeigneter Hilfssysteme in weiten Grenzen variiert werden kann.

Die gesamte Brennelementanordnung wird von einem Kernbehälter umschlossen. Das in den Druckbehälter eintretende Kühlmittel fließt zunächst entlang der Druckbehälter-Innenwand nach unten und durchströmt anschließend das Core von unten nach oben, von natürlichem Auftrieb unterstützt. Die Reaktordruckbehälter bestehen bei allen Druckwasserreaktoren aus Stahl. Der Druckbehälter-Innendurchmesser beträgt beispielsweise beim Kernkraftwerk Biblis 5 000 mm, die Wanddicke des Zylindermantels 243 mm, die Gesamtmasse 530 t.

Alle unter Druck stehenden Komponenten des Primärkreislaufes befinden sich im allgemeinen in einem zylindrischen oder kugelförmigen Reaktorgebäude aus Stahlbeton, das zusätzlich einen leckdichten Sicherheitsbehälter (Containment) enthält. Der Sicherheitsbehälter, in der BR Deutschland als Volldruckcontainment ausgelegt, kann auch im Falle des sogenannten größten anzunehmenden Unfalls (GAU), nämlich dem Abreißen einer Hauptkühlmittelleitung, noch diesen inneren Störfall beherrschen. Die Umgebung des Kraftwerkes wird über die gesetzlichen Vorschriften hinaus nicht belastet.

Die mit H_2O gekühlten und moderierten Druckwasserreaktoren zeichnen sich durch hohe Leistungsdichten, relativ einfachen Aufbau und vergleichsweise niedrige Anlagekosten aus. Nachteilig ist die relativ niedrige Dampftemperatur des Sekundärsystems und – daraus folgend – der gegenüber konventionellen Kraftwerken niedrige thermische Wirkungsgrad von etwa 33 %.

2.2.2. Siedewasserreaktoren

Die ebenfalls mit H_2O moderierten und gekühlten Siedewasserreaktoren unterscheiden sich von den Druckwasserreaktoren vor allem dadurch, daß im Reaktor ein Sieden des Primärkühlwassers zugelassen wird. Der so im Reaktor erzeugte Dampf kann – ohne Zwischenschaltung von Dampferzeugern, d.h. ohne Temperaturverluste – direkt in die Turbine strömen (Bild 2.7). Dadurch ergibt sich eine Vereinfachung des Kreislaufs, d.h. große Dampferzeuger und der Druckhalter können entfallen. Der Reaktorbetriebsdruck (72 bar) ist bei etwa gleicher Kühlmitteltemperatur niedriger als beim Druckwasserreaktor. Dafür ist der gesamte Kühlmittel-Dampfkreislauf mehr oder weniger radioaktiv. Das Core ist ähnlich aufgebaut wie bei Druckwasserreaktoren, doch sind die erzielbaren Leistungsdichten wegen des Dampfanteils im Kühlmittel geringer (mittlere Leistungsdichte 24 kW/kg Uran). Auch wird im Druckgefäß mehr Platz für Einbauten wie Dampfabscheider u.a. benötigt. Die Druckgefäße der Siedewasserreaktoren sind um ca. 270 % größer als die der Druckwasserreaktoren. Durch das direkte Einkreissystem kann der thermische Wirkungsgrad um 1 ... 2 % gegenüber Druckwasserreaktoren angehoben werden.

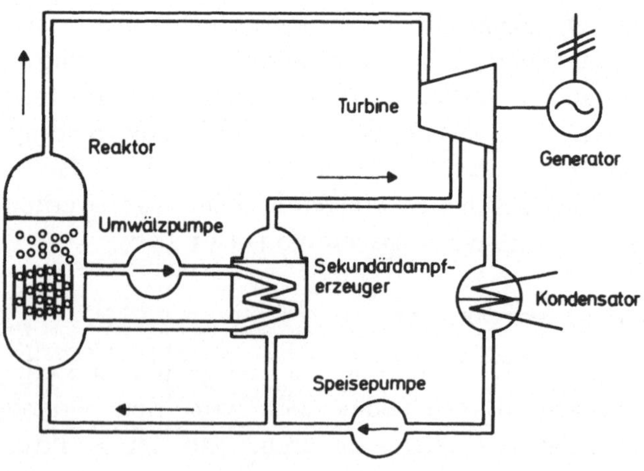

Bild 2.7. Schema eines Kernkraftwerks mit Siedewasserreaktor

2.2.3. Schwerwasserreaktoren

Das im natürlichen Wasser zu etwa 0,015 % enthaltene schwere Wasser D_2O (D = Deuterium) unterscheidet sich von H_2O durch eine sehr viel geringere Neutronenabsorption und ein etwas schlechteres Bremsvermögen. In reiner Form bietet sich daher D_2O als günstiger, wenn auch teurer Moderator an. Die angeführten physikalischen Eigenschaften des D_2O gestatten die Verwendung von natürlichem Uran (0,71 % ^{235}U) ebenfalls als Oxid anstelle des bei H_2O-Moderator erforderlichen angereicherten Urans (etwa 3 % ^{235}U). Der aufwendige Verfahrensschritt der Urananreicherung, der nur in besonderen Isotopen-Trennanlagen durchgeführt werden kann, wird hierdurch vermieden. Auf der anderen Seite wird durch die notwendige größere kritische Masse und durch das größere Volumenverhältnis Moderator zu Brennstoff von 17 wesentlich mehr D_2O als H_2O benötigt. D_2O-Reaktoren sind daher (bei gleicher Leistung) stets wesentlich größer als Leichtwasserreaktoren. Die Anlagekosten liegen dementsprechend höher.

Da zu Kühlzwecken weit weniger D_2O als zu Moderationszwecken benötigt wird, werden die Brennstäbe nicht gleichmäßig über den Reaktor verteilt, sondern als Stabbündelelemente in getrennten Kühlkanälen untergebracht, die von D_2O umgeben sind. Diese Funktionstrennung von Moderator (D_2O) und Kühlmittel ermöglicht auch die Verwendung anderer Kühlmittel. So sind neben D_2O auch CO_2, H_2O-Dampf und organische Flüssigkeiten als Kühlmittel verwendet worden. Insgesamt haben sich die D_2O-moderierten Reaktoren jedoch wegen zu hoher Anlagekosten nicht in der ursprünglich erwarteten Weise durchsetzen können.

Nur in den Ländern, in denen D_2O zu niedrigen Kosten herstellbar ist (z.B. Kanada) und in denen auf eine Anreicherungs- und Wiederaufarbeitungstechnologie verzichtet werden sollte (z.B. Argentinien), hat dieser Reaktortyp Eingang gefunden. Das deutsche Kernkraftwerk Niederaichbach mit Druckröhren-Schwerwasserreaktor wurde während der Anlaufphase aus wirtschaftlichen Gründen im Jahre 1974 stillgelegt.

2.2.4. Graphitmoderierte Reaktoren

Graphit hat neutronenphysikalisch ähnliche Eigenschaften wie D_2O. Graphitmoderierte Reaktoren können daher grundsätzlich ebenfalls mit natürlichem Uran betrieben werden. Sie erfordern jedoch ein 50- bis 100-fach größeres Moderatorvolumen und eine 10fach größere kritische Natururanmenge als D_2O-Reaktoren. Sie sind deshalb (bei gleicher Leistung) stets sehr viel voluminöser als H_2O-moderierte Reaktoren.

2.2.5. Anreicherungsverfahren

Ein Wort noch zu dem aufwendigen Verfahrensschritt der bei Leichtwasserreaktoren erforderlichen Anreicherung des Urans auf einen ^{235}U-Gehalt von ca. 3 %. Zur Anreicherung gibt es zur Zeit neben einigen noch im Anfang der Entwicklung stehenden Verfahren drei Möglichkeiten.

Das *Diffusionsverfahren* bringt in der Einzelstufe höchstens 0,4 % Anreicherung, benötigt deshalb mehr als 1 000 Stufen hintereinander und verbraucht 3,1 MWh/Uran-Trennarbeitseinheit (UTA), das entspricht etwa 3 ... 4 % der aus dem Uran erzeugten elektrischen Energie. Nach diesem Verfahren können in USA $17 \cdot 10^6$ UTA/a erzeugt werden, die geplante europäische Anlage Eurodiff in Frankreich soll Anfang der 80er Jahre $10 \cdot 10^6$ UTA/a leisten.

Das *Trenndüsenverfahren* hat eine Anreicherung von 3 % in der Einzelstufe, benötigt nur einige hundert Stufen, hat einen ähnlichen Energieverbrauch wie die Diffusion, aber keine beweglichen Teile und ist für kleinere Anlagen wirtschaftlich.

Die *Gaszentrifuge* erreicht bei 500 m/s Umfangsgeschwindigkeit 15 % Anreicherung in der Einzelstufe, bereitet Schwierigkeiten in der Lagerung, Dämpfung und Fertigungsgenauigkeit, ist aber heute dank der Verbundwerkstoffe, die genügende Reißlänge haben, einsatzbereit. Dieses Verfahren benötigt 250 kWh/UTA (8 % des Diffusionsverfahrens), kann aber in einer Zentrifuge nur bis 100 UTA/a leisten, weshalb für 10^6 UTA 100 000 Einheiten nötig sind. Die gemeinsam von der BR Deutschland, den Niederlanden (Almelo) und Großbritannien (Capenhurst) entwickelten Anlagen könnten bei Bedarf 1985 ca. $10 \cdot 10^6$ UTA/a leisten.

2.2.6. Weitere Entwicklung der Leichtwasser-Reaktortechnologie

Die heutigen Leichtwasserreaktoren sind noch entwicklungsfähig und werden dadurch eine beträchtliche Steigerung ihrer Wettbewerbsfähigkeit erfahren. Alle ihre maschinellen Einrichtungen bieten Chancen der Vervollkommnung, der Rationalisierung und der vergrößerten Betriebssicherheit. Probleme der Qualitätskontrolle, der Fertigungskontrolle gehören dazu ebenso wie Gesichtspunkte der Sicherheit und des Umweltschutzes. Zu einem Sicherheitsforschungsprogramm gehört auch die Verbesserung der Kernnotkühlung, die das Kernschmelzen und die damit verbundene Gefahr eines unkontrollierten Freisetzens von Spaltprodukten verhindern soll.

Die Tatsache, daß die Leistungen von Kernkraftwerken aus Gründen der Wirtschaftlichkeit 1 300 MW erreicht haben, und die damit verbundenen Baumassen haben diese Kraftwerke zu markanten technischen Bauwerken werden lassen. So wird oft unbewußt die Optik zum Angriffspunkt der Ablehnung dieser Technik. Die Lösung der Standortprobleme für die Kraftwerke, die nicht nur einen Kraftwerksblock aufnehmen sollen, wird die zentrale Aufgabe für die Kernkraftwerkstechnologie.

Die angestrebte Standardisierung von Kernkraftwerken würde sowohl für Hersteller als auch Betreiber Vorteile in Abwicklung und Betrieb ergeben. Bisher sind in der BR Deutschland nur Standards in Brennelement-, Regelungs- und Überwachungstechnik, Konstruktionsart und Material von Wärmeaustauschern und Umwälzpumpen erkennbar. Der Wiederholungseffekt dürfte etwa gleiche spezifische Investitionsersparnisse ergeben wie die Kostendegression durch Verdopplung der Leistungsgröße. Daher ist vorläufig in der BR Deutschland vorgesehen, die 1 200- ... 1 400-MW-Kernkraftwerksblockgröße nicht weiter zu steigern. Auch in den USA hat die Genehmigungsbehörde die Blockgröße auf 1 300 MW beschränkt, um Erfahrungen mit dieser Kernkraftwerksblockgröße zu sammeln.

Technisch gesehen läßt die 1 300-MW-Leistungsstufe keine prinzipiellen Grenzen des Leichtwasserreaktorkonzepts, speziell des Druckwasserreaktorkonzepts, erkennen. Blockleistungen von 2 000 MW sind nach dem heutigen Erkenntnisstand unter weitgehender Beibehaltung erprobter Bauelemente und ohne Änderung des Konzepts möglich.

2.2.7. Neue Reaktorkonzepte

Als neue Reaktorkonzepte, die in den nächsten 10 bis 15 Jahren den Kernkraftwerksmarkt beeinflussen werden, sind die *Hochtemperaturreaktoren* und die *Schnellen Brüter* anzusehen.

2.2.7.1. Hochtemperaturreaktoren

Kernkraftwerke mit Hochtemperaturreaktoren lassen große Brennstoffabbrände erwarten und arbeiten mit einem verbesserten thermischen Wirkungsgrad um 40 %. Diese Baulinie wurde in der BR Deutschland bereits Ende der 50er Jahre konzipiert.

Mit dem Bau des ersten Hochtemperaturreaktors, dem AVR (Arbeitsgemeinschaft Versuchsreaktor GmbH), mit einer elektrischen Leistung von 15 MW wurde Ende 1961 in Jülich begonnen. Charakterisiert wird der AVR durch Verwendung von Graphit als Moderator und Helium als Kühlmittel.

Der AVR verwendet als Brennstoff 93 % angereichertes Uran in oxidischer und karbidischer Form und Thorium. Man spricht in diesem Fall von einem Thorium-Uran-Brennstoffkreislauf. Die Uran-Thorium-Mischkristalle werden zu winzigen Partikeln von knapp 1 mm geformt, die mit zwei oder mehreren Lagen Kohlenstoff umgeben sind. Man nennt diese Partikel beschichtete Teilchen oder „coated particles". Die keramische Umhüllung übernimmt die Funktion, welche die metallische Umhüllung bei den Brennelementen anderer Reaktortypen hat. Sie wirkt als Druckkessel und hält die bei der Kernspaltung entstehenden Spaltprodukte, im besonderen die Spaltgase, weitgehend zurück.

Die Brennelemente des AVR bestehen aus Graphitkugeln von 6 cm äußerem Durchmesser und 1 cm Wandstärke. Sie enthalten in ihrem Innern den Brennstoff – pro Kugel 1 g ^{235}U (93 %) und 5 g Thorium. Das Brennelement wird mit einem Gewindestopfen verschlossen (Bild 2.8).

Die Kugeln, die von oben dem Reaktor zugegeben und aus der Bodenschicht abgezogen werden, können mit Hilfe von 5 pneumatischen Förderrohren über einen Höhenförderer kontinuierlich umgewälzt werden. Der

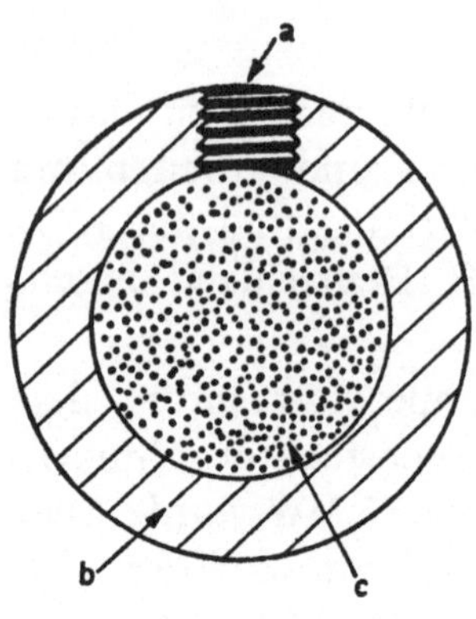

a Gewindestopfen,
b Graphitschale,
c Brennstoff (beschichtete Teilchen) in Graphitmatrix

Bild 2.8.
AVR, Schnitt durch ein Brennelement

Gleichgewichtsbetrieb wird nicht durch neutronenabsorbierende Regelstäbe, sondern durch Entnehmen und Zugeben von Kugeln, durch ihr Umwälzen oder durch Änderung der Gasströmung aufrechterhalten. Es sind lediglich 4 Abschaltstäbe erforderlich, die durch in den Reaktorkern vorspringende Graphitnasen geführt werden.

Der Reaktorkern besteht aus einem zylindrischen, nach unten konisch zulaufenden Raum, der mit 100 000 Brennstoff- und Moderatorkugeln gefüllt ist. Durchmesser und Höhe des Zylinders betragen jeweils 3 m. Das Kühlgas durchströmt den Kugelhaufen von unten nach oben, es erwärmt sich dabei auf über 750 °C und wird am Dampferzeuger oberhalb des Reaktorkerns abgekühlt, durch einen ringförmigen Spalt am inneren Umfang des Behälters nach unten zu den beiden Gebläsen unterhalb des Reaktorkerns geführt und dann wieder in das Core geleitet. Der gesamte Primärkreislauf, bestehend aus Kugelhaufen, Dampferzeuger und Kühlgasgebläse, wird von einem Druckbehälter umschlossen.

Einen Längsschnitt durch den AVR-Reaktor und das AVR-Reaktorgebäude geben Bilder 2.9 und 2.10 wieder.

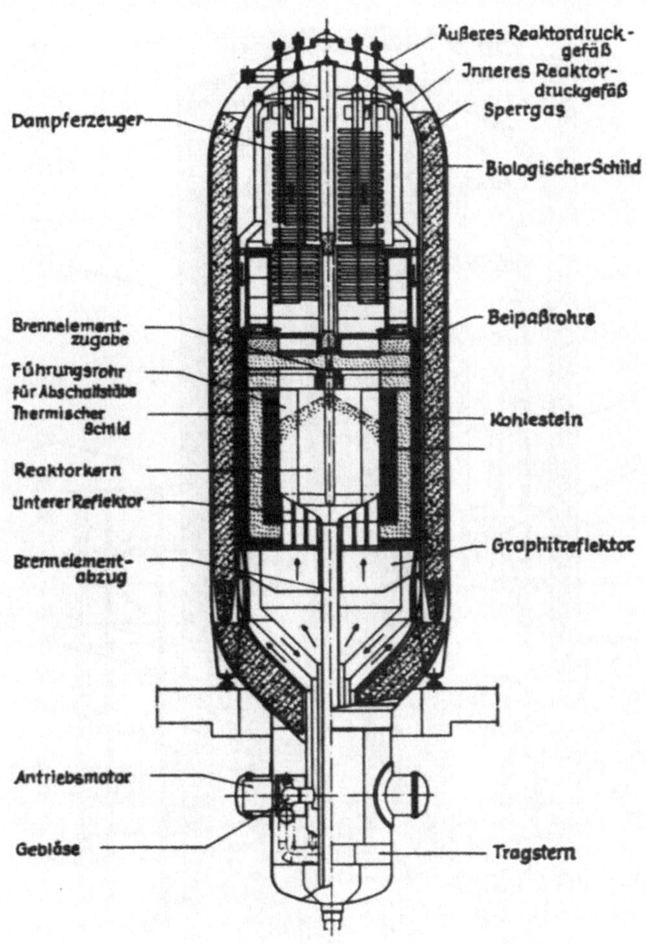

Bild 2.9. AVR, Reaktor

Die bisherigen Betriebserfahrungen haben die inhärente Sicherheit dieses Reaktortyps beim Anfahr- und Leistungsbetrieb des Reaktors nachgewiesen. Beim Ausfall eines der 4 Absorberstäbe (Abschaltstäbe) oder beim Ausfall der Kühlgebläse stabilisiert sich der Reaktor

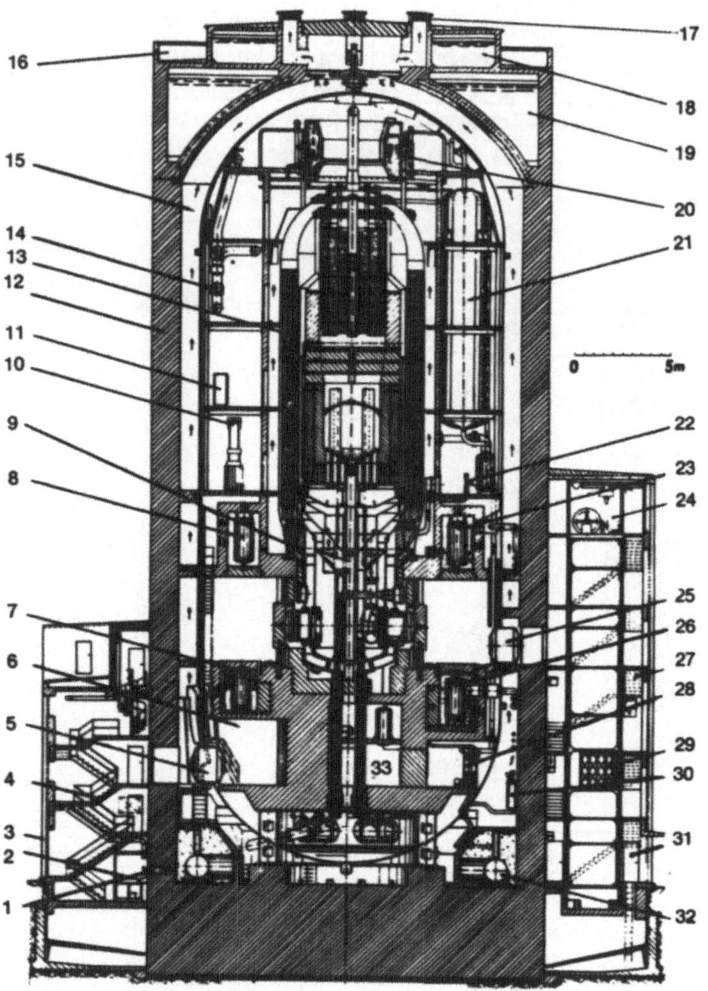

Bild 2.10. Schnitt durch den AVR

1 Beobachtungsoptik
2 Beobachtungsstand zur Kugelentnahme
3 Notausgang 2
4 Nebentreppe
5 Personenschleuse 1
6 Steuerraum
7 Öltank
8 Reserveeinheitsbehälter
9 Reaktor-Auflager
10 Hubstabler

11 Reingas-Überwachung
12 Rundbau-Außenwand
13 biologischer Schild
14 Sperrgas 2-Kühlung
15 Fortluft
16 Dachrundgang
17 Fortluftschacht
18 Wasserhochbehälter 1
19 Wasserhochbehälter 2
20 Dampfsammler und Armaturenbühne
21 Mischkühler
22 Sperrgas-Sicherheitsventile
23 Reinigungsanlage 3
24 Maschinenraum zum Lasten- und Personenaufzug
25 Personenschleuse 2
26 Reinigungsanlage
27 Haupttreppe
28 Umluftanlage
29 Lasten- und Personenaufzug
31 kleiner Materialzugang und Notausgang 1
32 Ringkanal
33 Beschickungsraum

von selbst auf ein Leistungsniveau, das 500mal niedriger als die Nennleistung liegt. Bei derart schweren Betriebsstörungen sind demnach keine gefährlichen Betriebszustände des Reaktors zu erwarten.

Der im Bau befindliche Thorium-Hochtemperaturreaktor im Kraftwerk Schmehausen mit einer Blockgröße von 300 MW (THTR-300, Uentrup) stellt eine Weiterentwicklung des AVR dar.

Die THTR-Kraftwerksanlage Uentrup besteht aus einem Zweikreissystem. Das im Reaktorkern erhitzte Primärgas Helium gibt im Dampferzeuger seine Wärmeenergie an den sekundärseitigen Wasser-Dampf-Kreis ab. Hierbei ergibt sich eine klare Trennung zwischen dem aktiven Primärkreis und dem nichtaktiven Sekundärkreis. Der elektrische Strom wird durch ein Turboaggregat erzeugt, das mit Dampfdaten moderner Kraftwerke auf Kohle- oder Ölbasis arbeitet.

Die Komponenten des Primärkreislaufes – Reaktorkern mit Reflektor, Gebläse mit Regelschieber, Dampferzeuger, Gasführungen (6-Loop-System) – und die Einrichtungen zur Reaktorsteuerung und -überwachung sind in einem Spannbetonbehälter integriert.

Das Core besteht aus einer ungeordneten Schüttung 675 000 kugelförmiger Brenn- und Moderatorelemente. Ein Zylinder von 5,6 m Durchmesser und etwa 6 m Höhe wird aus einem Graphitmantel gebildet, der als Reflektor dient und allseitig das Core umgibt (Leistungsdichte 6 MW/m³). Der Bodenreflektor ist mit einer Neigung von 30° trichterförmig ausgebildet und mündet im zentralen Kugelabzugsrohr von 800 mm Durchmesser. Durch das zentrale Abzugsrohr werden die Brennelemente aus dem Core abgezogen und auf mechanische und nukleare Eigenschaften untersucht. Danach werden die Kugeln entweder ganz ausgeschieden und durch frische ersetzt oder dem Core erneut zugeführt. Somit findet ein langsames Fließen des Kugelhaufens durch das Core statt. Hierdurch ist es möglich, die Brennelemente kontinuierlich auszutauschen, ohne den Leistungsbetrieb des Reaktors zu beeinträchtigen, was eine hohe Verfügbarkeit der Anlage erwarten läßt.

Das neueste Planungskonzept sieht eine Einwegbeschickung in zwei radialen Zonen vor. Zur Leistungsregelung des Reaktors und zu dessen Abschaltung dienen 42 Absorberstäbe, die von oben in das Core eingefahren werden. Schwierigkeiten haben sich bisher im Konzept dieser Stabregelung ergeben.

Die Core-Austrittstemperatur des als Kühlgas verwendeten Heliums beträgt 750 °C, die Turbineneintrittstemperatur des Wasserdampfes 530 °C.

Der thermische Wirkungsgrad (40,5 %) ist gegenüber Leichtwasserreaktor-Kraftwerksblöcken nur um 5 % günstiger. Eine Verbesserung dieses Reaktortyps bzw. -konzepts ist erst mit einem nachgeschalteten Gasturbinenprozeß zu erwarten.

Ein Anlagekostenvergleich des vorliegenden Kernkraftwerktyps mit Kernkraftwerken mit Leichtwasserreaktoren ist nicht möglich, da die THTR-Anlage einen Prototyp darstellt, dem noch die kommerzielle Reife fehlt. Soviel dürfte jedoch schon heute feststehen, daß die THTR-Anlagekosten nicht unwesentlich höher liegen werden als die Anlagekosten für Kernkraftwerke mit Leichtwasserreaktoren.

In Konkurrenz zur Leichtwasserreaktor-Baulinie wird eine in USA entwickelte Hochtemperaturreaktor-Baulinie mit blockförmigen Brennelementen für die Leistungsklasse ab 750 MW (thermisch) angeboten. Der Streit um die Richtigkeit der einzusetzenden Brennelemente beim Hochtemperaturreaktor, ob kugelförmig oder blockförmig, ist bis zu den Betriebserfahrungen mit den Anlagen in Schmehausen bzw. USA (Fort St. Vrain) zurückgestellt worden.

Die Hochtemperaturreaktoren werden jedoch erst einen bedeutenden Entwicklungssprung machen und damit eine echte Konkurrenz zu den Leichtwasserreaktoren werden, wenn das Konzept des Einkreissystems mit Heliumturbine für Blockgrößen ab 1 000 MW zu verwirklichen ist. Die Hauptprobleme der Hochtemperaturreaktor-Baulinie sind: Entwicklung von Brennelementen mit hohen Stand- und Abbrandwerten, Entwicklung von guten Regelkonzepten, Verwendbarkeit eines Spannbeton-Druckbehälters.

Helium-Hochtemperatur-Einkreisanlagen mit Gasturbine (HHT), die zunächst mit 850 °C Eintrittstemperatur geplant sind, können die Abwärme bei höheren Temperaturen als der Dampfprozeß in Trockenkühltürmen mit erträglichen Abmessungen abführen (Bild 2.11). Ferner läßt sich die erzeugte Wärme wegen ihres hohen Temperaturniveaus unmittelbar als Prozeßwärme in der chemischen Verfahrenstechnik nutzen.

Die Erfahrungen mit einem 950-°C-Gasbetrieb beim AVR-Reaktor versprechen einen großen technologischen Entwicklungssprung, der für die Kohledruckvergasung von Bedeutung sein kann.

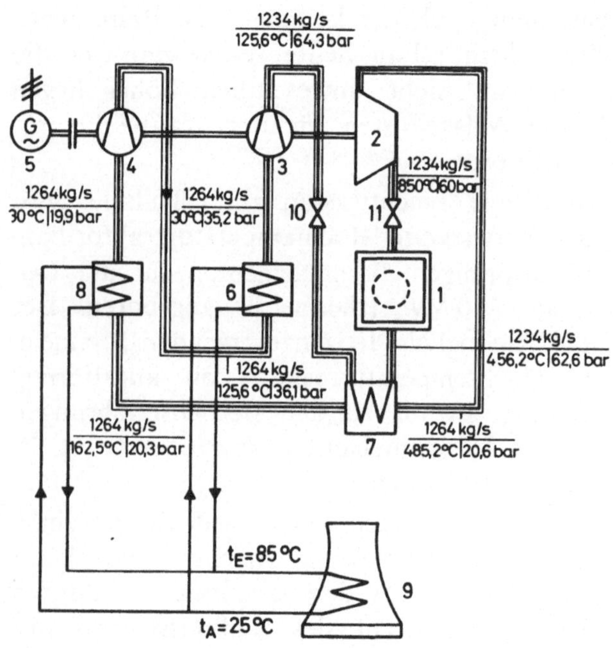

Bild 2.11. Kreislaufschema einer HHT-Anlage mit einfacher Zwischenkühlung und Trockenkühlturm

1 Reaktor
2 Turbine
3 Hochdruckverdichter
4 Niederdruckverdichter
5 Generator
6 Zwischenkühler
7 Rekuperativer Wärmeübertrager
8 Vorkühler
9 Trockenkühlturm
10 Kaltgasschieber
11 Heißgasschieber

Beim Einbau von Reaktor und Turbine in einen Spannbetonbehälter entstehen kompakte, gegen äußere Einwirkungen gut zu schützende Anlagen.

2.2.7.2. *Schnelle Brüter* (siehe auch Abschnitt 2.1)

Schnelle Reaktoren arbeiten mit schnellen, nicht abgebremsten Neutronen, sie enthalten daher keinen Moderator. Da die Wahrscheinlichkeit von Kernspaltungen bei hohen Neutronengeschwindigkeiten relativ klein ist, erfordern Schnelle Reaktoren einen relativ hoch mit Spaltstoff angereicherten Brennstoff und ein kompaktes Core (10fache Leistungsdichte, 500 kW/*l*, gegenüber Leichtwasserreaktoren). Als Kühlmittel kommen nur Substanzen, die nicht moderieren, wie z.B. Natrium, in Frage.

In der BR Deutschland wurde – wie auch in den USA, der UdSSR, Großbritannien und Frankreich – bereits 1960 im Kernforschungszentrum Karlsruhe begonnen, einen Schnellen Brutreaktor zu konzipieren und wesentliche Vorarbeiten zur Entwicklung einer solchen Anlage zu leisten. Aufbauend auf diese Arbeiten wurde im April 1973 unter niederländischer und belgischer Beteiligung mit dem Bau des Prototyp-Kernkraftwerks Kalkar am Niederrhein mit einer elektrischen Leistung von 300 MW (SNR-300) begonnen.

Der unmoderierte Reaktorkern des SNR-300 ist sehr kompakt aufgebaut. Das Volumen des Reaktorkerns beträgt ca. 7 m^3 bei einem Durchmesser von ca. 2,6 m und einer Höhe von ca. 1,35 m. Im Innern des zylinderförmigen Kerns befinden sich die Brennelemente (Spaltzone), an die sich radial nach außen die Brutelemente anschließen (Brutzone, Brutmantel). Als Brennstoff wird Uran-Plutonium-Mischoxid, als Brutstoff Uranoxid mit abgesenktem Gehalt an ^{235}U (abgereichertes Uran) eingesetzt. Die zylinderförmigen Brenn- und Brutstäbe sind mit Edelstahl umhüllt.

Die Abfuhr der Wärme aus dem Reaktorkern erfolgt mit Hilfe von flüssigem Natrium. Natrium hat eine ausgezeichnete Wärmeleitfähigkeit. Es wird in dem relativ kleinen Reaktorkern um fast 170 °C aufgeheizt und tritt mit einer Temperatur von ca. 550 °C (12 bar) aus dem Reaktorkern aus. Da Natrium sehr heftig mit Wasser reagiert und im Reaktorkern stark radioaktiv wird, schließt man an den Primärkühlkreislauf nicht direkt einen Dampfkreislauf an, sondern schaltet einen weiteren Natriumkreislauf (Zwischenkühlkreislauf) zwischen den Primärkühlkreislauf und den Dampfkreislauf. Das Natrium-Primär- und Sekundärsystem des SNR-300 besteht aus 3 parallelen Kühlsystemen. Der Dampf für den Turbogenerator wird im Sekundärdampferzeuger zu den heute üblichen Dampfparametern 165 at/495 °C erzeugt (thermischer Wirkungsgrad der Gesamtanlage um 39 %).

Besondere Sicherheitsaspekte ergeben sich bei diesem Reaktor dadurch, daß bereits geringe Störungen in der Wärmeabfuhr aus dem Reaktorkern erhebliche Folgen haben können (redundante Notkühleinrichtungen).

Die Regelung und Abschaltung des Reaktors erfolgt mit Absorberstäben, die durch Elektromotoren bewegt werden. Ein zweites, unabhängiges Abschaltsystem, ebenfalls mit festen Absorbern, ist vorhanden.

Während der Errichtung wurde entschieden, daß der SNR-300 einen dünneren radialen Brutmantel und stattdessen zusätzliche Reflektoren und Brennelemente erhalten wird. Dadurch soll die Reaktorleistung erhöht werden. Allerdings muß dies mit einer Verringerung der Brutrate, die ursprünglich mit 1, 2 ... 1, 3 angesetzt worden war, auf etwa 1 oder darunter erkauft werden. Der Betreiber erwartet von diesen Änderungen für die ersten drei Reaktorkerne, die ca. 8 Jahre im Einsatz sein sollen, wesentliche Ersparnisse.

Die Anlagekosten des SNR-300 sind im Vergleich zu Leichtwasserreaktoren sehr hoch. Auch kommerzielle Natriumbrüter-Kraftwerke werden wegen der hohen Sicherheitsanforderungen teurer als vergleichbare Kernkraftwerke mit Leichtwasserreaktoren sein. Dieser Nachteil wird voraussichtlich durch entsprechend niedrige

Brennstoffkosten bei Einsatz im Grundlastbereich ausgeglichen.

Mit dem kommerziellen Einsatz von Brüterkraftwerken der Leistungsklasse ab 1 000 MW ist erst in der zweiten Hälfte der 80er Jahre zu rechnen.

Am erfolgreichsten hat sich bisher das französische Brüterprogramm erwiesen. Der 250-MW-Prototyp Phénix in Marcoule erreichte nach nur 5jähriger Bauzeit im März 1974 Vollast und arbeitet seitdem bei einem Lastfaktor 0,76 nahezu ungestört. Brennelementschäden sind nicht aufgetreten, Natrium-Leckageschäden konnten behoben werden. Unter deutscher Beteiligung soll in Kürze mit dem Bau des 1 200-MW-Demonstrations-Kraftwerkes Superphénix begonnen werden. Durch den Abschluß langfristiger Verträge wurde eine enge Zusammenarbeit mit Belgien, den Niederlanden und Italien festgeschrieben.

Zur Diskussion um den Dampf- und Gasbrüter als Alternative zum Natriumbrüter ist zu vermerken, daß es weltweit keine nennenswerte Gas- oder Dampfbrüterentwicklung gibt. Ein Reaktorsystem läßt sich aber nicht ohne den Schritt über eine Reihe von experimentellen und Prototypanlagen in nur einem oder wenigen europäischen Ländern kommerziell betreiben.

2.3. Kernkraftwerke in der Bundesrepublik Deutschland

Die praktische Entwicklung der Kernkraftwerkstechnologie in der BR Deutschland setzte mit dem Bau und der Inbetriebnahme des Versuchsatomkraftwerkes Kahl im Juni 1961 ein. Es handelt sich hier um ein von AEG-Telefunken mit amerikanischem know-how (General Electric) errichtetes Kernkraftwerk mit Siedewasserreaktor kleiner Leistung (16 MW).

Anfang 1977 waren 13 Kernkraftwerksblöcke mit einer installierten Leistung um 6 000 MW in Betrieb. Das entspricht 8 % der installierten Kraftwerksleistung; 13 weitere Anlagen sind im Bau bzw. haben die erste Teilerrichtungsgenehmigung erhalten (Tabelle 2.1).

Tabelle 2.1. Kernkraftwerke in der BR Deutschland im Betrieb, im Bau bzw. in Auftrag gegeben (Stand Mitte 1977)

	Kraftwerke	elektr. Bruttoleistung in MW
	Siedewasserreaktoren	
x	Versuchsatomkraftwerk Kahl	16
x	Kernkraftwerk Gundremmingen, Block A	252
x	Kernkraftwerk Lingen	267
x	Kernkraftwerk Würgassen	670
x	Kernkraftwerk Brunsbüttel	806
xx	Kernkraftwerk Philippsburg I	900
xx	Kernkraftwerk Philippsburg II (DWR)	1 300
xx	Kernkraftwerk Isar	907
xx	Kernkraftwerk Krümmel	1 316
xx	Kernkraftwerk Gundremmingen, Block B	1 310
xx	Kernkraftwerk Gundremmingen, Block C	1 310
	Druckwasserreaktoren	
x	Kernkraftwerk Obrigheim	345
x	Kernkraftwerk Stade	662
x	Kernkraftwerk Biblis, Block A	1 204
x	Kernkraftwerk Biblis, Block B (Block C)	1 300
xx	Kernkraftwerk Unterweser	1 300

	Kraftwerke	elektr. Bruttoleistung in MW
x	Gemeinschaftskernkraftwerk Neckar	855
	Kernkraftwerk Süd (Wyhl)	1 362
xx	Kernkraftwerk Mülheim-Kärlich	1 295
xx	Kernkraftwerk Grafenrheinfeld	1 300
	Kernkraftwerk Brokdorf	1 362
xx	Kernkraftwerk Grohnde	1 362
	Kernkraftwerk Hamm	1 300
x	Fortschrittlicher Druckwasserreaktor auf N.S. „Otto Hahn", 10 000 WPS	(38 MWth)
	Schwerwasserreaktoren	
x	Mehrzweckforschungsreaktor Karlsruhe	57
	Gasgekühlte Reaktoren	
x	Hochtemperaturreaktor der Arbeitsgemeinschaft Versuchsreaktor (AVR), Jülich	15
xx	THTR-Prototyp-Kernkraftwerk, Uentrop A	300
	Natriumgekühlte Reaktoren	
x	Kompakte Natriumgekühlte Kernreaktoranlage, Karlsruhe	20
xx	SNR Prototyp-Kernkraftwerk, Kalkar	300

x im Betrieb
xx im Bau

Mit der in Betrieb befindlichen Kernkraftwerksleistung konnte 1976 ca. 7 % des deutschen Elektrizitätsbedarfs gedeckt werden. Der wirtschaftliche Vorteil gegenüber fossil betriebenen Kraftwerksblöcken und die hohe Verfügbarkeit, d.h. technische Zuverlässigkeit, bestätigten die Erwartungen dieser neuen Technologie.

2.3.1. Versuchs- und Demonstrationskraftwerke

Nach dem Versuchsatomkraftwerk Kahl wurden ab 1962 drei verschiedenartige Demonstrationskraftwerke in Gundremmingen, Obrigheim und Lingen mit einer elektrischen Leistung um je 300 MW errichtet. Investitions- und Betriebsrisiko der Betreiber wurden durch Bürgschaften und staatliche Hilfen abgesichert.

Das Kernkraftwerk Gundremmingen mit einer elektrischen Leistung von 250 MW war der erste Siedewasserreaktor mit Zwangsumlauf und noch getrenntem Primär-Sekundärsystem. Der Turbosatz wurde für 1 500 U/min gebaut. Auch diese Anlage wurde in Lizenz von General Electric von AEG-Telefunken errichtet.

Die zweite Demonstrationsanlage wurde in Obrigheim am Neckar als Druckwasserreaktor von Siemens in Lizenz von Westinghouse (USA) errichtet. Sie ist mit zwei geschlossenen parallelen Primärkühlsystemen (2-Loop-System) ausgerüstet. Die ursprünglich garantierte elektrische Nettoleistung von 283 MW konnte Ende 1969 auf 328 MW erhöht werden, weil Reaktoranlage und Turbine reichlich ausgelegt waren.

Das Kernkraftwerk Lingen, eine dritte Demonstrationsvariante, hat eine elektrische Leistung von 267 MW, wovon nur 162 MW nuklear mit einem Siedewasserreaktor erzeugt werden. Der nachgeschaltete, mit Öl gefeuerte Überhitzer gestattet den Einsatz eines 3 000-tourigen Turbogenerators aus einem herkömmlichen Dampfkraftwerk. Diese Technologie hat sich wirtschaftlich nicht bewährt.

Die drei verschiedenen Reaktorkonzepte brachten den Betreibern und den deutschen Kernkraftwerksherstellern so viele Erfahrungen und Betriebsergebnisse, daß der kommerzielle Durchbruch mit der Bestellung der Kernkraftwerke Stade (Druckwasserreaktor) und Würgassen (Siedewasserreaktor) gelang. Der ökonomische Vorteil dieser neuen Technik gegenüber den mit herkömmlichen Primärenergien Öl und Kohle betriebenen Anlagen wurde bereits ein Jahr nach Betriebsaufnahme von Gundremmingen und Obrigheim für 600-MW-Kernkraftwerksblöcke ermittelt.

Am 1.4.1969 gründeten die beiden deutschen Reaktorbaufirmen Siemens und AEG-Telefunken die Kraftwerk Union Aktiengesellschaft (KWU). Damit entstand erstmals in Europa ein Unternehmen, das sowohl Druckwasser- als auch Siedewasserreaktoren anbieten kann.

Zunächst wurden noch Standorte für einen Kraftwerksblock mit Frischwasserkühlung gesucht. Diese waren nur im Küstenbereich oder am Rhein zu finden. Auch ein Rückkühlbetrieb und die Transportfragen für die Reaktorteile (Komponenten) verlangte eine Orientierung der Standorte an Flußläufen. Gleichfalls spielte die Bevölkerungsverteilung eine entscheidende Rolle. Hier sollte zunächst die amerikanische Genehmigungspraxis eingehalten werden. Die Situation in der BR Deutschland erforderte jedoch in der Genehmigungspraxis eigene Erfahrungen und daraus resultierend einen erhöhten Sicherheitsstandard. Der unterschiedliche Elektrizitätsbedarf in den einzelnen Bundesländern und die Flexibilität der Standortwahl infolge der Unabhängigkeit vom Brennstofftransport hat zu der heutigen Situation (Bild 2.12) geführt. Alle heutigen Standorte sind aus wirtschaftlichen Erwägungen nicht nur für einen Kraftwerksblock ausgewählt worden. Erweiterungen auf zwei bis vier Blöcke, wie die Beispiele Philippsburg, Biblis und Gund-

Bild 2.12. Kernkraftwerke in Deutschland im Betrieb, im Bau, in Auftrag gegeben (Stand Mitte 1977)

remmingen zeigen, sind in den nächsten Jahrzehnten zu erwarten. Eine Annäherung an die Verbrauchernähe ist herzustellen.

2.3.2. Kernkraftwerke mit Siedewasserreaktoren (s. Abschnitt 2.2.2)

Die neue Linie von Kernkraftwerken mit Siedewasserreaktoren ist von der großen, stählernen Druckschale (Containment) abgegangen, sie verwendet statt dessen ein Druckabbausystem (Bild 2.13). Dieses besteht aus einer den Reaktordruckbehälter und die Zwangsumlaufkreise umschließenden Druckkammer und einer mit Wasser gefüllten Kondensationskammer, in der das bei einem möglicherweise auftretenden Bruch des Primärkreises entstehende Dampf-Wasser-Gemisch kondensiert würde. Beide Kammern sowie die Dampfleitungen sind in einem doppelwandigen, druckfesten und gasdichten Sicherheitsbehälter untergebracht. Der Zwischenraum zwischen der inneren und der äußeren Stahlhülle steht ständig unter Unterdruck, so daß beim Bruch einer Zwangsumlaufleitung keine Radioaktivität nach außen gelangen kann.

Mit diesem Druckabbausystem und einer Reihe zusätzlicher sicherheitstechnischer Einrichtungen wird gewährleistet, daß Störungen im nuklearen Dampferzeugungssystem sicher beherrscht werden können; eine radiologische Gefährdung der Umgebung tritt nicht ein.

Das Kernkraftwerk Würgassen (KWW) an der Weser (670 MW) ist die erste deutsche Direktkreisanlage, die keine Wärmetauscher zwischen Reaktor und Turbine mehr erfordert, die Anwendung eines teilintegrierten Zwangsumlaufs bringt erhebliche wirtschaftliche und sicherheitstechnische Vorteile. Nach einigen schweren Störungen während der Phase der Inbetriebnahme konnte die Anlage mit einer etwa zweijährigen Verzögerung dem Betreiber im November 1975 übergeben werden.

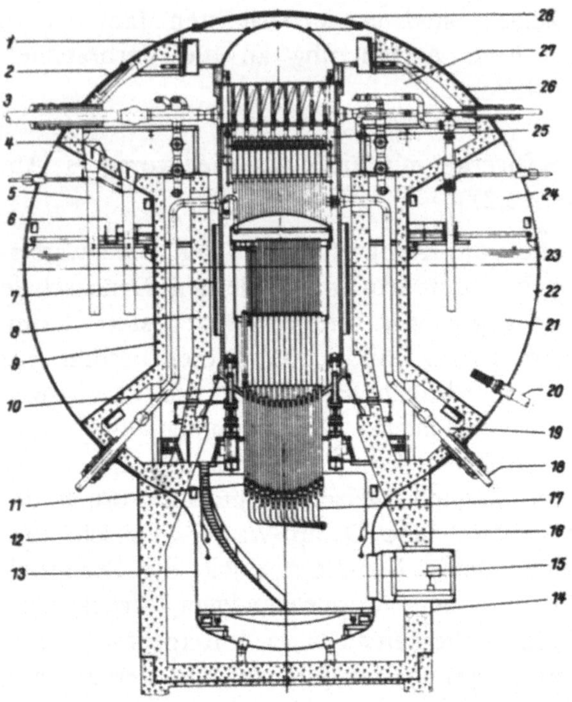

Bild 2.13. Reaktor mit Sicherheitsbehälter und Druckabbausystem des Kernkraftwerks Isar

1 Lüftung
2 Montageöffnung
3 Frischdampfleitung
4 Betondecke mit Einströmöffnungen
5 Kondensationsrohre
6 Rundlauf
7 Isolierung
8 Biologischer Schild
9 Innenzylinder
10 Interne Kühlmittel-Umwälzpumpe
11 Steuerstabantriebe
12 Fundament
13 Bodenwanne
14 Dichthaut
15 Personenschleuse
16 Schnellabschaltsystm
17 Incoremeßleitung
18 Speisewasserleitung
19 Unterer Ringraum
20 Saugstutzen für Gebäudesprühen
21 Kondensationskammer (Wasserbereich)
22 Druckschale
23 Dichthaut
24 Kondensationskammer (Luftbereich)
25 Reaktordruckbehälter mit Einbauten
26 Splitterschutzbeton
27 Oberer Ringraum
28 Beladedeckel

Das Kernkraftwerk Brunsbüttel (KKB) an der Elbe (806 MW) ist seit Ende 1976 in Betrieb. Der Dampferzeuger dieser Anlage ist ein Siedewasserreaktor, dessen Besonderheit gegenüber seinem Vorgänger in Würgassen darin besteht, daß erstmalig interne Axialpumpen zur Kühlmittelumwälzung verwendet werden. Die gleiche Auslegung weisen die Kernkraftwerke Philippsburg I zwischen Rhein und Altrhein (900 MW) und Isar (KKI) in Ohu bei Landsberg auf.

Unmittelbar neben dem Block Philippsburg I (KKPI) wird eine zweite Anlage (1 300 MW) jedoch mit einem Druckwasserreaktor errichtet.

Das Kernkraftwerk Krümmel am Elbufer (1 316 MW) wird bei der im Jahre 1980 vorgesehenen Inbetriebnahme das größte mit diesem Reaktortyp in Europa arbeitende Kernkraftwerk sein. Das Volumen des Reaktordruckgefäßes ist mit 630 m^3 (!) angegeben.

Das Kernkraftwerk Gundremmingen soll um zwei Blöcke von je 1 310 MW erweitert werden. Die beiden mit Siedewasserreaktoren ausgerüsteten Anlagen werden als erste ihrer Art einen zylindrischen Beton-Sicherheitsbehälter mit innenliegender Stahldichthaut erhalten.

Technische Daten sind der Tabelle 2.2 zu entnehmen

Tabelle 2.2. Kernkraftwerke in der BR Deutschland – Hauptdaten (Siedewasserreaktoren)

Kurzbezeichnung		KRB	KWL	KWW	KKB	KKP 1	KKI	KKK
Standort		Gundremmingen	Lingen	Würgassen	Brunsbüttel	Philippsburg	Ohu	Krümmel
Betreiber		RWE/BAG	VEW	Preag	HEW/NWK	EVS/BW	BAG/Is. Amp.	HEW/NWK
Inbetriebnahme		1966	1968	1973/75	1976	1977/78	1977	1980
el. Leistung (netto)	MWe	237	256	640	771,2	864	870	1 260
el. Leistung (brutto)	MWe	252	267/162	670	806,2	900,3	907	1 316
Reaktor-Wärmeleistung	MWth	801	520	1 912	2 292	2 575	2 575	3 690
Wirkungsgrad (brutto)	%	31,5	32,6	33,4	35,17	34,96	35,2	35,4
Leistungsdichte	kW/l Core	40,9	38,7	50,6	50,6	51,1	51,1	51,6
Leistungsdichte	kW/kg Uran	17,1	16,2	22,1	22,1	22,3	22,3	23,7
Wärmeverbrauch (brutto)	kcal/kWh	2 730		2 454	2 445	2 460	2 442	2 412
Wärmeverbrauch (netto)	kcal/kWh	2 900	2 900	2 570	2 560	2 570	2 545	2 520
Menge	t U	46,7	32,2	86,6	103,74	115,44	115,44	155,82
Anreicherung (Nachladg.)	% U 235	2,3	2,2	2,6	2,66	2,23	2,63	2,6
Verhältnis Moderator/Brennstoff							2,38	2,38
BE-Zahl	Zahl	368	284	444	532	592	592	840
Stäbe je BE	Zahl	36	36	7 x 7	8 x 8	8 x 8	8 x 8	8 x 8
Abbrand	MWd/kg U	16,5	17,4	27,5	27,5		27,5	27,5

Kühlmittel	10^3 t/h	12,250	12,000	26,500	34,000	38,200	37,300	55,600
Kühlmittel t_E	°C	266	280	272		278,1	287	278
Kühlmittel t_A	°C	286	286,5	285,4	285,4	285,4	286,5	286,4
Kühlmitteldruck	bar	70	70,5	70	70	70	70,5	70,6
Kühlkreisläufe	Zahl	3	2	2	8	9	8	10
FD-Menge	t/h	1 020	1 756	3 522	4 097,3	4 600	5 007	7 185,5
FD-Druck	bar	69,5	50/42	65,7	65,7	67	67	67
FD-Temperatur	°C	284	530/230	281,5	281,5	281,5	280	281,5
Containment $Ø_i$/Höhe	m/m	30/60	30/63	27	27	27	27	26,9/51,3
Auslegungsdruck	bar	3,55	3,8	4,35	3,4	3,4	3,0	4,6
Kühlwassertemperatur	°C	8,6	11,5	9,5	11	10		11
Kühlwassermenge	t/h	47 000	33 000	95 000	120 000	154 000		225 000
Druckgefäß $Ø_i$	m	3,710	3,600	5,300	5,580	5,85	5,85	6,780
Druckgefäß Gesamthöhe	m	16,410	14,750	20,300	21,095	21,1	21,4	22,380
Gewicht	t	282	210	528	545	620	570	790

2.3.3. Kernkraftwerke mit Druckwasserreaktoren (s. Abschnitt 2.2.1)

Das Kernkraftwerk Stade (KKS) an der Unterelbe (662 MW) stellt in seiner technischen Konzeption eine Weiterentwicklung des Kernkraftwerks Obrigheim dar. Das Reaktorkühlsystem besteht aus vier parallelgeschalteten geschlossenen Hauptkühlkreisläufen (gleiche Loopleistung).

Mit dem Bau des Kernkraftwerkes Biblis, Block A, am rechten Rheinufer (1 204 MW) wurde bereits eine Verdopplung der Leistungsgröße des Kernkraftwerkes Stade vorgenommen. Der Kraftwerksblock wurde mit dem ersten Einwellenturbosatz dieser Größe in Europa ausgerüstet (Bilder 2.14, 2.15, 2.16 und 2.17). Mit dieser Anlage wurde der amerikanische Technologievorsprung durch deutsche Firmen eingeholt.

Biblis, Block A ging 1974 in Betrieb, Block B (1 300 MW) nahm 1976 den Betrieb auf.

Das Kernkraftwerk Unterweser (KKU) bei Esensham (1 300 MW) wird 1977/78 seinen Betrieb aufnehmen. Zum Zeitpunkt der Inbetriebnahme zählen diese Anlagen zu den größten mit diesem Reaktortyp arbeitenden Kernkraftwerken der Welt.

Bei dem Gemeinschaftskernkraftwerk Neckar (GKN) bei Gemmringheim/Neckarwestheim (855 MW) basiert die Auslegung des Reaktorkerns auf den im Kraftwerk Stade eingesetzten Brennelementen; durch Steigerung der Leistungsdichte im Core und derjenigen des Dampferzeugers (Loopleistung) konnte die Gesamtleistung an das System Biblis angepaßt werden. Der Reaktorkühlkreislauf besteht aus drei parallelgeschalteten Hauptkühlkreisläufen. Der Dampf des Sekundärkreislaufes treibt zwei Turbosätze, einen von rd. 656 MW elektrischer Leistung bei 3 000 U/min zur Drehstromerzeugung

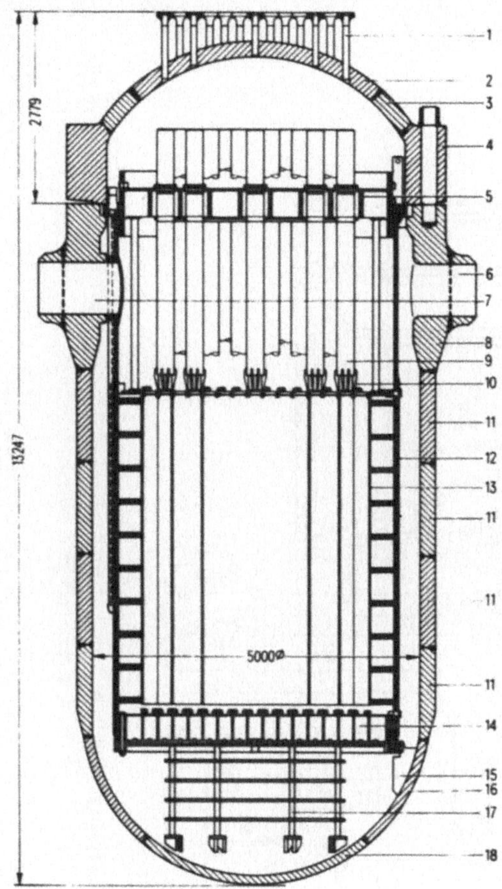

Bild 2.14. Reaktordruckbehälter (Biblis)

1 Steuerstabstutzen
2 Deckelkalotte
3 Deckelzonenring
4 Deckelflanschring
5 Oberer Rost
6 Kühlmitteleintrittsstutzen
7 Kühlmittelaustrittsstutzen
8 Mantelflanschring
9 Stütze
10 Gitterplatte
11 Schmiedering
12 Kernbehälter
13 Kernumfassung
14 Unterer Rost
15 Kernbehälterabstützung
16 Bodenzonenring
17 Kernschemel
18 Bodenkalotte

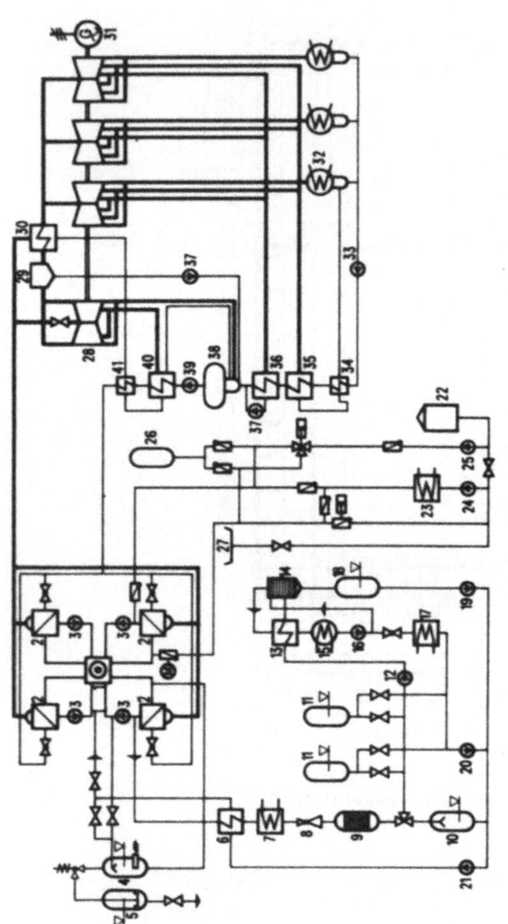

Bild 2.15. Schaltplan von Biblis A

1 Reaktor
2 Dampferzeuger
3 Hauptkühlmittelpumpen
4 Druckhalter
5 Druckhalter-Abblasetank
6 Rekuperativ-Wärmetauscher
7 HD-Nachkühler
8 Druckreduzierstation
9 Ionenaustauscher
10 Volumenausgleichsbehälter
11 Kühlmittelspeicher
12 Verdampferspeisepumpe
13 Vorwärmer der Kühlmittel-aufbereitung
14 Verdampferkolonne
15 Kondensator der Kühlmittel-aufbereitung
16 Kondensatpumpe
17 Nachkühler der Kühlmittel-aufbereiung
18 Borsäurebehälter
19 Borsäure-Pumpe
20 Rückspeisepumpe
21 HD-Förderpumpe
22 Flutbehälter
23 Nachwärmekühler
24 Nachkühlpumpe
25 Sicherheitseinspeisepumpe
26 Druckspeicher
27 Reaktorgebäudesumpf
28 Turbine
29 Wasserabschneider
30 Zwischenüberhitzer
31 Generator
32 Kondensatoren
33 Hauptkondensatpumpe
34 ND-Kondensatkühler
35 Vakuum-Vorwärmer
36 ND-Vorwärmer
37 Nebenkondensatpumpe
38 Speisewasserbehälter und Entgaser
39 Hauptspeisepumpe
40 HD-Vorwärmer
41 HD-Konsensatkühler

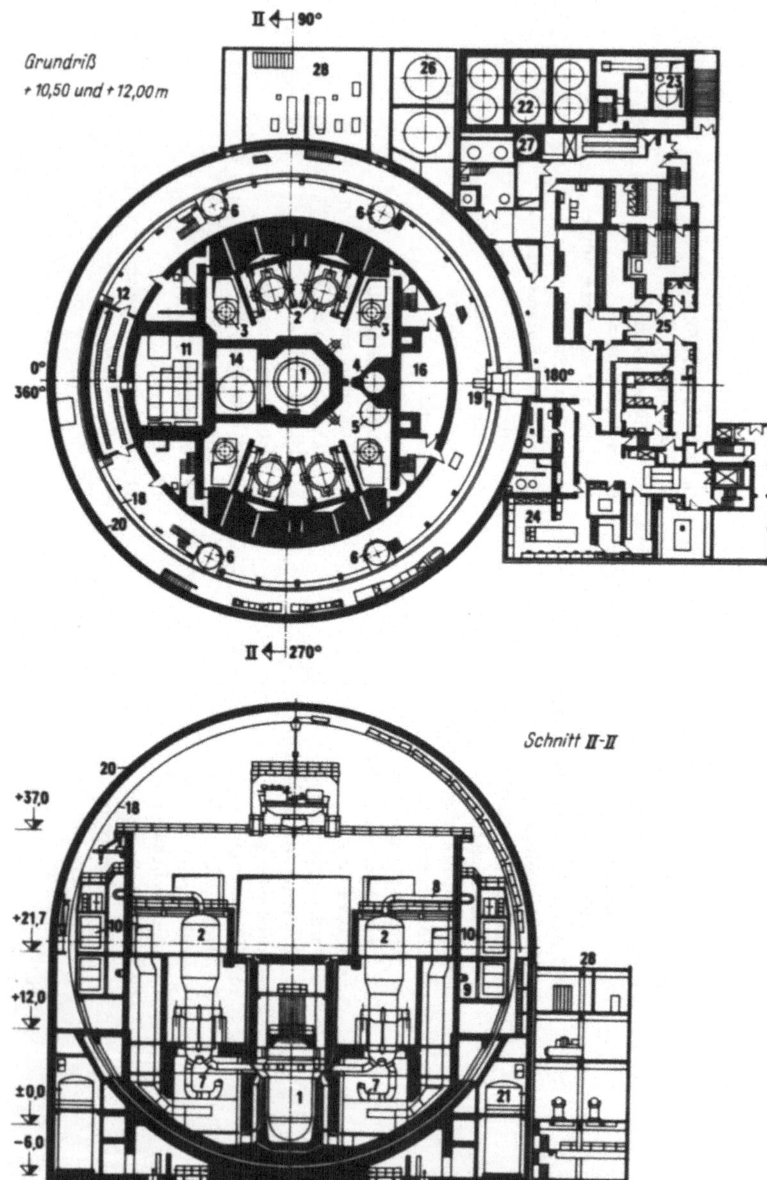
Grundriß
+10,50 und +12,00 m
II 90°
0°
360°
180°
II 270°
Schnitt II-II
+37,0
+21,7
+12,0
±0,0
-6,0

Bild 2.16. Reaktorgebäude und Reaktorhilfsanlagengebäude von Biblis B

1 Reaktor
2 Dampferzeuger
3 Hauptkühlmittelpumpe
4 Druckhalter
5 Druckhalter-Abblasetank
6 Druckspeicher
7 Hauptkühlmittelleitung
8 Frischdampfleitung
9 Speisewasserleitung
10 Umluftanlage
11 Brennelementbecken
12 Lager für neue Brennelemente
13 Lademaschine
14 Abstellbecken für Kerneinbauten
15 Abstellplatz für Druckbehälterdeckel
16 Armaturenraum
17 Schildkühlgebläseraum
18 Sicherheitshülle
19 Personenschleuse
20 Äußere Betonabschirmung
21 Flutbehälter
22 Kühlmittelspeicher
23 Kühlmittel-Verdampferanlage
24 heißes Labor
25 Wasch-, Dusch- und Umkleideräume
26 Deionatbehälter
27 Abluftkamin
28 Zwischentrakt

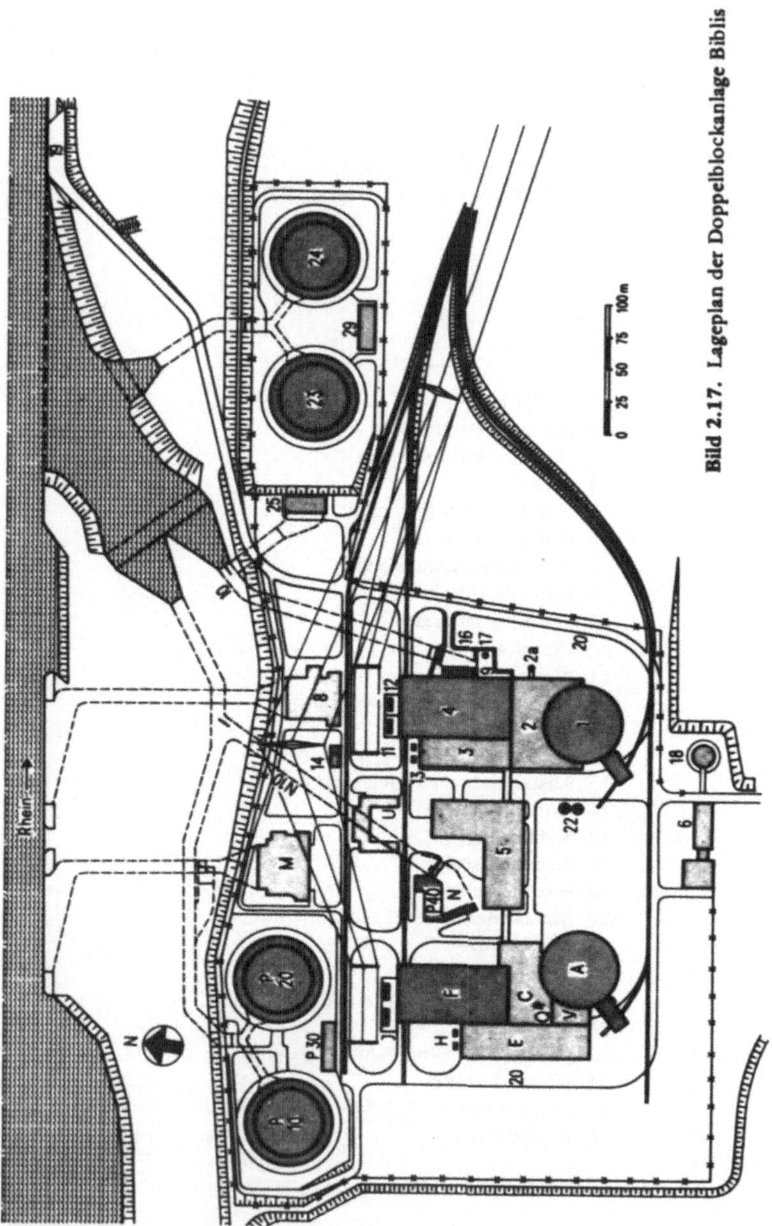

Bild 2.17. Lageplan der Doppelblockanlage Biblis

Block A

1 Reaktorgebäude
2 Reaktorhilfsanlagengebäude
2a Abluftkamin
3 Schaltanlagen- und Betriebsgebäude
4 Maschinenhaus
5 Nebenanlagengebäude
6 Verwaltungsgebäude
8 Kühlwasser-Pumpenhaus
9 Sammelbecken
10 Kühlwasser-Rücklaufkanal
11 380-kV-Schaltanlagen
12 Blocktransformatoren
13 Eigenbedarfstransformatoren
14 Fundament für Reserveblocktransformator
16 Regenwasserpumpwerk
17 Kläranlage
18 Informationszentrum
19 Schiffslände
22 Deionatbehälter
23 + 24 Kühltürme
25 Kühlturmpumpenbauwerk
29 Kühlturmschalthaus

Block B

A Reaktorgebäude
C Reaktorhilfsanlagengebäude
E Betriebs- und Schaltanlagengebäude + Notstromdieseltrakt
F Maschinenhaus
H Eigenbedarfstransformatoren
J 220-kV/380-kV-Freiluftschaltanlage + Blocktransformatoren
M Kühlwasserreingungs- und Pumpenbauwerk
N Sammelbecken
N10 Kühlwasser-Rücklaufkanal
Q Abluftkamin
P10 + P20 Kühltürme
P30 Kühlturmschalthaus
P40 Kühlturmpumpenbauwerk mit Abwasserhebewerk
U Garagengebäude
V Zwischentrakt

und einen von rd. 150 MW bei 1 000 U/min zur Bahnstromerzeugung.

Das Kernkraftwerk Mülheim-Kärlich (1 295 MW) ist das erste in der BR Deutschland, das nicht mit einem KWU-Reaktor sondern mit einem Babcock-Druckwasserreaktor (USA-Lizenz von BBC) ausgerüstet wird. Die beiden Dampferzeuger der Anlage (2-Loop-System) sind Geradrohr-Wärmetauscher, die mit Zwangsdurchlauf im Gegenstromprinzip arbeiten und leicht überhitzten Dampf erzeugen. Das Kernkraftwerk ist für einen Rückkühlbetrieb mit Naturzug-Kühlturm ausgelegt.

Das Kernkraftwerk Grohnde bei Hameln (KWG) und das Kernkraftwerk Grafenrheinfeld bei Schweinfurt (KKG) sind trotz Störungen bzw. gerichtlicher Verfahren weiter im Bau.

Die Kernkraftwerke Süd bei Wyhl/Oberrhein (1 362 MW) und Brokdorf an der Unterelbe (1 362 MW) zählen zu den z.Z. umstrittensten Projekten. Bürgerinitiativen, denen u.a. erklärte Kernkraftwerksgegner angehören, und aggressive Gruppen im Gefolge der Bürgerinitiativen haben vorerst den Beginn des behördlich genehmigten Baus beider Kernkraftwerke verhindert.

Für die Kernkraftwerke Hamm (1 300 MW), Biblis C und Neckarwestheim GKN II stehen die Baugenehmigungen noch aus.

Technische Daten sind der Tabelle 2.3 zu entnehmen.

2.3.4. Besondere Kernkraftwerksanlagen

Das mit Kernenergie getriebene Schiff N.S. „Otto Hahn“ (38 MWth) besitzt einen Druckwasserreaktor (FDR), der von der Arbeitsgemeinschaft Deutsche Babcock & Wilcox/ Interatom geliefert worden ist. Der Reaktor hat seine volle Funktionstüchtigkeit unter allen Seebedingungen bewiesen (Bild 2.18). In den mehr als vier Jahren seit seiner Indienststellung hat das Schiff bis Ende 1972 mit der ersten Brennstoffladung rund 250 000 Seemeilen zurückgelegt. Inzwischen hat der Reaktor eine zweite Brennstoffladung mit weiterentwickelten Brennelementen erhalten und bis Ende 1976 weitere 220 000 Seemeilen zurückgelegt. Die Brennstoffkosten sind bei diesem Schiff mit 10 000 Wellen-PS etwa doppelt so hoch wie bei einem fossil befeuerten Schiff gleicher Größe.

Seit 1.4.1977 fährt die „Otto Hahn" unter der Flagge der Hapag-Lloyd AG. Die Reederei will eigene Erfahrungen im Hinblick auf ein Nuklear-Containerschiff mit 80 000 Wellen-PS sammeln. Für Schiffe dieser Größe wird ein deutlicher Brennstoffkostenvorteil erwartet.

Der Mehrzweckforschungsreaktor (MZFR) Karlsruhe (57 MW) ist ein mit Schwerem Wasser (D_2O) moderierter und gekühlter Druckwasserreaktor, in dem Natururan als Brennstoff verwendet wird. Er wurde im September 1965 erstmals kritisch. In seiner Eigenschaft als Forschungsreaktor wird der MZFR als Bestrahlungsquelle für fortgeschrittene Brennelemente verschiedenster Reaktortypen und zum Testen von Reaktorbaustoffen genutzt. Er spielte als Prototypanlage für das Kernkraftwerk Atucha (Argentinien) eine entscheidende Rolle.

2.3.5. **Kernkraftwerke mit gasgekühlten Reaktoren** (s. Abschnitt 2.2.7.1)

Bei diesen Anlagen wird die im Reaktor entstehende Wärme von einem durchströmenden Gas (meistens Helium) abgeführt und über einen Wärmetauscher an einen Wasserdampfkreislauf zum Betrieb der Turbine abgegeben. Als Moderator dient Graphit.

Tabelle 2.3. Kernkraftwerke in der BR Deutschland – Hauptdaten (Druckwasserreaktoren)

Kurzbezeichnung		KWO	KKS	RWE A	GKN	RWE B	KKU	
Standort		Obrigheim	Stade	Biblis	Neckar-westheim	Biblis	Unterweser	Mülheim-Kärlich
Betreiber		EVS/BW	NWK/HEW	RWE	TWS/NW/DB	RWE	Preag/NWK	RWE
Inbetriebnahme		1969	1972	1974	1975	1976	1977	
el. Leistung (netto)	MWe	328	630	1 150	805	1 240	1 230	1 215
el. Leistung (brutto)	MWe	345	662	1 204	855	1 300	1 300	1 295
Reaktor-Wärmeleistung	MWth	1 050	1 900	3 540	2 510	3 752	3 733	3 760
Wirkungsgrad (brutto)	%	32,85	34,8	34,9	34,1	34,9	34,8	34,7
Leistungsdichte	kW/l Core	66,3	85,6	85,3	94,6	92,3	92	104
Leistungsdichte	kW/kg U	29,9	33,7	34,7	38	36,7	36,7	39,4
Wärmeverbrauch (brutto)	kcal/kWh	2 617	2 468	2 467	2 521	2 470	2 470	2 460
Wärmeverbrauch (netto)	kcal/kWh	2 750	2 600	2 720	2 581	2 600	2 660	2 800
Urangewicht des Kerns	t U	35,2	56,2	102,7	61,9	102,7	102,7	95
Anreicherung (Folgekern)	% U 235	3,0	3,0	3,0		3,0	3,0	3,27
Wasser-Brennstoff-Volumenverhältnis			2,09	2,06		2,06	2,06	
BE-Zahl	Zahl	121	157	193	177	193	193	205
Stäbe je BE	Zahl	180	205	236	205	236	236	208
Abbrand (Gleichgew.-Kern)	MWd/kg U	25,2	31,5	31,5				34,3

Kühlmittel	t/h	22 000	44 000	72 000	52 000	72 000	72 000	68 400
Kühlmittel t_E	°C	283	288,4	284,6	290,5	290,1	290,1	297
Kühlmittel t_A	°C	312	316,4	316,6	316,6	322,9	322,9	329
Kühlmitteldruck	bar	144	155	155	155	155	155	155
Kühlkreisläufe	Zahl	2	4	4	3	4	4	2
FD-Menge	t/h	1 706	3 592	6 540	4 544	7 160	7 160	7 180
FD-Druck	bar	50	53	51	55	54	54	69
FD-Temperatur	°C	262,7	265	265	270	266,7	268,7	312
Containment $Ø_i$/Höhe	m/m	44	48	56	50	56	56	56
Auslegungsdruck	bar	3,04	3,85	4,8	4,8	3,8	4,7	5,68
Kühlwassertemperatur	°C	12	9,8	9,5	13,5	12	11	24,9
Kühlwassermenge	t/h	52 000	107 000	190 000	141 300	220 000	212 000	121 800
Druckgefäß $Ø_i$	m	3,44	4,08	5,0	4,30	5,0	5,0	4,63
Druckgefäß Gesamthöhe	m	9,83	10,4	13,25	10,949	13,247	13,247	12,9
Gewicht ca.	t	195	280	530	350	530	490	480
Loop-Leistung								
Dampfdurchsatz	t/h	11 000	11 000	18 000	18 000	18 000	18 000	34 200
Heizfläche	m²	2 700	2 900	4 510	4 335	4 335	4 335	
Gewicht Dampferzeuger	t	160	160	298	298	280	280	490
Leistg. d. Kühlmittelp.	MW	2,7	3,0	6,27	6,5	6,5	6,5	6,8

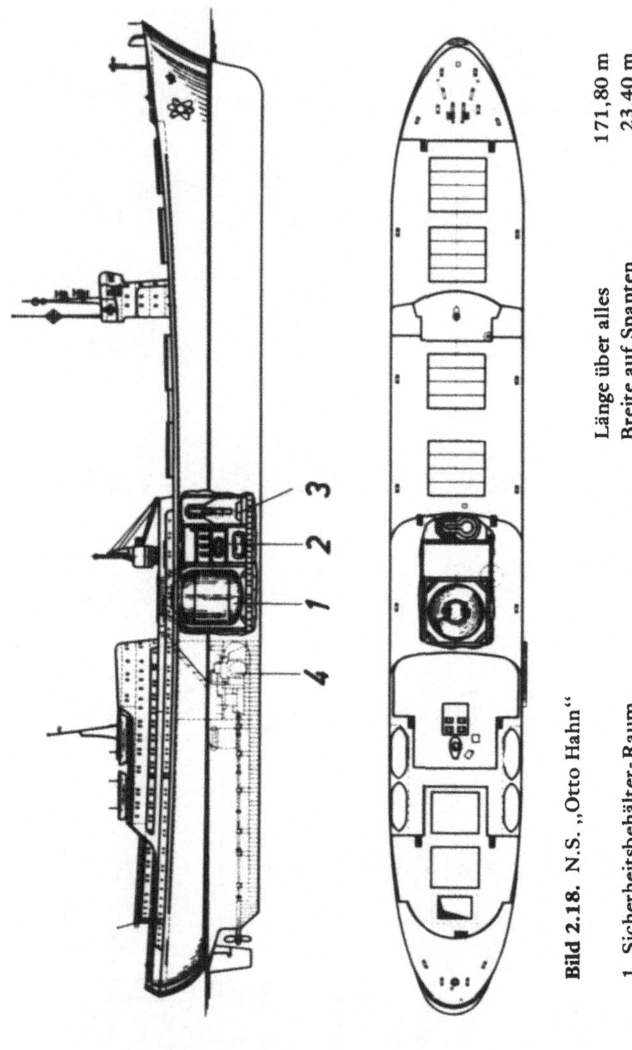

Bild 2.18. N.S. „Otto Hahn“

1 Sicherheitsbehälter-Raum
2 Nebenanlagen-Raum
3 Service-Raum
4 Maschinen-Raum

Länge über alles	171,80 m
Breite auf Spanten	23,40 m
Seitenhöhe bis Hauptdeck	14,50 m
Geschwindigkeit	15,75 kn
Turbinenleistung	10.000 WPS

Die besonderen Vorzüge des AVR-Reaktors bei Jülich (15 MW) sind der hohe Abbrand, die hohen Betriebstemperaturen sowie die Vermeidung von Überschußreaktivität im stationären Leistungsbetrieb. Der AVR, der einzige Reaktor der Welt mit kugelförmigen Brennelementen, hat Anfang 1974 eine Gasaustrittstemperatur von 950 °C erreicht. Heute erfüllt er noch die Entwicklungsaufgabe für eine rein deutsche Reaktorbaulinie.

Der Thorium-Hochtemperaturreaktor (THTR) des Prototypkernkraftwerkes in Uentrup bei Hamm (300 MW) wird durch Absorberstäbe, die sich in Bohrungen des Graphitreflektors bewegen, geregelt und durch direkt in den Kugelhaufen einfahrende Stäbe abgeschaltet. Die Schwierigkeiten im Genehmigungsverfahren verzögern vorerst die für 1977 vorgesehene Inbetriebnahme um zwei Jahre.

2.3.6. Kernkraftwerke mit natriumgekühlten Reaktoren (s. Abschnitt 2.2.7.2)

Die Kompakte Natriumgekühlte Kernreaktoranlage (20 MW) im Kernforschungszentrum Karlsruhe (Bild 2.19) hat einen natriumgekühlten Reaktor (KNK), der Zirkonhydrid als Neutronenmoderator verwendet (INTERATOM). KNK stellt eine wichtige Vorstufe für den Bau natriumgekühlter schneller Brutreaktoren in der BR Deutschland dar. 1975 wurde in die Anlage ein schneller Kern (KNK-II) eingesetzt.

Beim SNR-Prototypkernkraftwerk (300 MW) in Kalkar (Niederrhein) ergeben sich in der Bauentwicklung der deutsch/belgisch/niederländischen Anlage (Bild 2.20) Verzögerungen vor allem aus dem atomrechtlichen Genehmigungsverfahren, das nach den gleichen strengen Maßstäben wie bei Leichtwasserreaktoren durchgeführt wird. Die Inbetriebnahme der Anlage soll 1980/81 erfolgen.

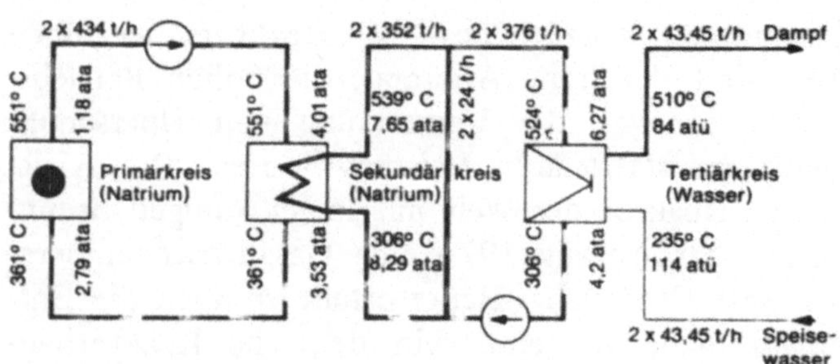

Bild 2.19. Schaltbild der KNK-Anlage

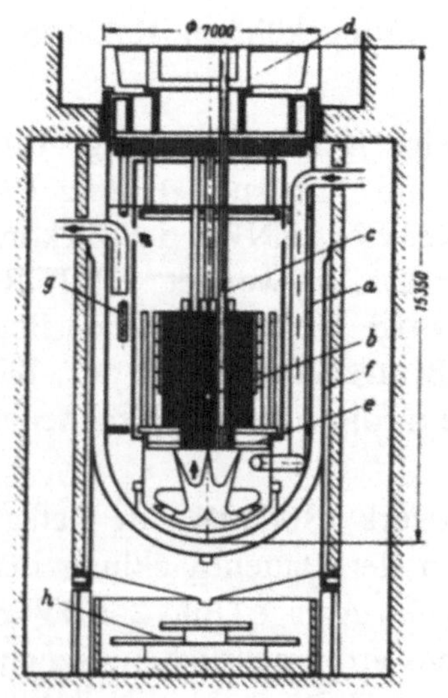

a Reaktortank
b Reaktorkern
c Abschaltstab
d Drehdeckelsystem
e Kerntragplatte
f Doppeltank
g Tauchkühler des Notkühlsystems
h Bodenkühleinrichtung

Bild 2.20. Schnitt durch den SNR-300

2.4. Exportierte deutsche Kernkraftwerke

Mit einem hervorragenden Ergebnis von 92 % Verfügbarkeit beendete Mitte 1976 die erste exportierte Anlage, das 340-MW-Kernkraftwerk Atucha, das zweite Betriebsjahr seit der Übergabe an die argentinische Comision Nacionale de Energia Atomica. Zur Energieerzeugung dient ein mit Schwerwasser moderierter und gekühlter Natururanreaktor, der seinen Vorläufer im MZFR hat.

Nach den europäischen Exporterfolgen in Holland (Borselle), Österreich (Tullnerfeld) und Schweiz (Gösgen) sind weitere große Exporterfolge der KWU in Brasilien und im Iran zu verzeichnen. Die Finanzierung der Kernkraftwerke Angra dos Reis II und III, ca. 150 km südöstlich von Rio de Janeiro, ist gesichert. Die Anlagen mit einer Leistung von je 1 325 MW, Standard-Kernkraftwerke der KWU, sind mit einem Druckwasserreaktor ausgerüstet (Inbetriebnahme 1983 bzw. 1984). Die Einrichtungen für den gesamten Brennstoffkreislauf, einschließlich Anreicherung und Wiederaufarbeitung, werden schlüsselfertig von einem deutschen Firmenkonsortium geliefert, was nicht nur zu wirtschaftlichen, sondern auch zu politischen Auseinandersetzungen geführt hat.

Am Persischen Golf in der Nähe der Hafenstadt Bushehr baut die KWU zwei Standard-Kernkraftwerke mit Druckwasserreaktoren (System Biblis) mit je 1 300 MW (Inbetriebnahme 1980 bzw. 1981). Der KWU wurde außerdem die Versorgung der Kernkraftwerke mit Brennstoff übertragen. Dies gilt für die Erstausstattung und für 10 Nachladungen für jedes der beiden Kernkraftwerke.

2.5. Kernkraftwerke in der DDR

Das erste Kernkraftwerk der DDR wurde am Stechlinsee, 9 km von Rheinsberg entfernt, Mitte 1966 in Betrieb genommen. Es besitzt einen Druckwasserreaktor (Druckröhrenreaktor) sowjetischer Konstruktion von ca. 80 MW in Blockschaltung mit Sattdampfturbine. Bei diesem Reaktortyp wird die komplizierte Herstellungstechnik des Reaktordruckgefäßes umgangen.

Der erste 440-MW-Block im Kernkraftwerk Nord-1 in Lubmin bei Greifswald (Bezirk Rostock) lieferte Ende 1973 den ersten Strom in das Verbundnetz. Der zweite 440-MW-Block (Kernkraftwerk Nord-2) ging 1975 in Betrieb. Die Anlage soll auf vier Blöcke mit insgesamt 1760 MW erweitert werden. Sämtliche Blöcke erhalten Druckwasserreaktoren des Typs Nowo-Woronesch, sie werden mit Frischwasser gekühlt.

Ein weiteres Kernkraftwerk ist im Bezirk Magdeburg vorgesehen. Das Werk soll im Endausbau eine Leistung von 3 520 MW haben und aus vier Blöcken bestehen, die ihrerseits jeweils zwei 440-MW-Druckwasserreaktoren vom Typ Nowo-Woronesch haben. Wegen der rapiden Abnahme der Braunkohlenvorräte in der DDR sind noch weitere Kernkraftwerke geplant.

2.6. Kernkraftwerke anderer Länder

Kommerziell konnten sich bisher nur die Leichtwasserreaktoren in Druck- und Siedewasserbauart in allen Ländern durchsetzen, wobei die Anzahl der Druckwasserreaktoren deutlich über der Anzahl der Siedewasserreaktoren lag.

Schwerwasserreaktoren erreichten nur in Kanada und Argentinien größere Bedeutung. Die gasgekühlten Natururan-Reaktoren wurden in Frankreich und Großbritannien nach anfänglichen Erfolgen ebenso wie die britischen fortgeschrittenen gasgekühlten Reaktoren (AGR) aufgegeben.

Der Einsatz von Druckröhrenreaktoren ist beschränkt, die kanadischen arbeiten mit Natururan und Schwerwassermoderierung, die sowjetischen mit angereichertem Uran, Graphitmoderierung und Leichtwasserkühlung. Druckröhrenreaktoren von je 1 000 MW Leistung sind u.a. in Leningrad und Bilibino in Betrieb. Sowjetischen Angaben zufolge können im europäischen Teil des Landes bereits heute Kernkraftwerke mit einer Mindestkapazität des Reaktorblocks von 400 MW (in Gebieten am Ural 1 000 MW) rentabler arbeiten als Wärmekraftwerke, in denen Steinkohle (aus Donezk oder Kusnezk) bzw. sibirisches Erdgas verfeuert wird.

3. Kernkraftwerke: Wirtschaftlicher Teil

3.1. Strom- und Wärmebedarf

Kernenergie ist z.Z. nur für die Elektrizitätserzeugung einsetzbar. Bevor die Wirtschaftlichkeitsfrage der Kernenergie beantwortet wird, muß der Zusammenhang zwischen Energie- und Elektrizitätsversorgung verdeutlicht werden.

Man sollte sich aber dessen bewußt sein, daß es neben dem Elektrizitätsbedarf oder Elektrizitätsmarkt noch einen zweiten Energiemarkt gibt, den Markt des Wärmeangebotes. In der BR Deutschland gehen z.Z. etwa 30 % des Verbrauches an Primärenergie in die Elektrizitätserzeugung, der größte Primärenergieanteil entfällt auf den Wärmeenergiebedarf. Andererseits fallen bei der Stromerzeugung bis zu 65 % des gesamten Energieeinsatzes als Abwärme vorwiegend im Turbinenkondensator an. Natürlich wird es nie möglich sein, diese Wärmemenge in vollem Umfang zu nutzen, aber die Kraft-Wärme-Kopplung verdient wie bei fossil gefeuerten Kraftwerken heute auch bei künftigen Kernkraftwerken doch größere Aufmerksamkeit. Ihre verstärkte Anwendung würde uns in die Lage versetzen, größere Energiemengen zu sparen. Sie ist auf das engste mit der Frage nach einem wirtschaftlichen Transport von Wärmeenergie über größere Entfernungen und bei geringer Verbrauchsdichte verknüpft.

Neueste Studien über eine sinnvolle Verwendung der in Kraftwerken anfallenden Abwärme führen zu dem Ergebnis, daß schon in 10 ... 12 Jahren die technischen und ökonomischen Voraussetzungen erfüllt sein könnten, über 20 % der Wohnungen mit Fernwärme zu beliefern. Das würde eine Einsparung an fossilen Brennstoffen von 15 ... 20 Mio. t SKE pro Jahr bedeuten. Eine Fernwärmeversorgung aus Kernkraftwerken kommt erst dann in Frage, wenn die Standorte für diese Anlagen sich den Ballungszentren mit großem Wärmebedarf unter 10 ... 20 km nähern.

Da die BR Deutschland große Vorkommen an Braun- und Steinkohle hat, bietet es sich an, Erdöl und Erdgas möglichst weitgehend durch Kohlevergasung und -verflüssigung zu substituieren. Durch den Einsatz von nuklearer Prozeßwärme aus Hochtemperaturreaktoren können diese Kohleveredelungsprozesse kostengünstig, kohlesparend und umweltfreundlich durchgeführt werden. Solche Prozesse verlaufen um so wirtschaftlicher, je höher die Prozeßtemperatur ist; daher werden bereits für eine erste Anlage 950 °C Gastemperatur angestrebt. Das zur Verfügung gestellte Wärmegefälle wird in der ersten Stufe als Prozeßwärme, in der zweiten Stufe unter Einschaltung eines Dampfprozesses zur Stromerzeugung genutzt. Der Reaktorbauer, der bisher nur für die Elektrizitätswirtschaft arbeitete, bekommt also jetzt als Partner den Bergbau, die Verfahrenstechnik und die großen Abnehmer für Brenngase, also die Stahlindustrie und die Großchemie, sowie den Haushaltsgasverbrauch einschließlich Heizung. Als Veredlungsprodukte kommen hauptsächlich Methan (CH_4), Reduktions- bzw. Synthesegas (H_2 + CO), Wasserstoff, synthetisches Benzin und Methanol in Betracht.

3.2. Stromerzeugungskosten (Kostenanalyse)

Die Kernkraftwerkstechnik hat für Leichtwasserreaktoren die Schwelle des industriellen Einsatzes überschritten. Kraftwerksprojekte dieser Art können unter rein kommerziellen Bedingungen ohne finanzielle Hilfe der öffentlichen Hand abgewickelt werden. Neben der Grundvoraussetzung einer hohen Betriebszuverlässigkeit muß auch die Forderung nach wettbewerbsfähigen Kosten erfüllt sein. Ein Überblick über die Stromerzeugungskosten bei Kernkraftwerken soll am Beispiel der Leichtwasserreaktoren gegeben werden, für die sich bereits ein betriebswirtschaftlich genau kalkulierbarer Strompreis gebildet hat.

Eine exakte Berechnung der Stromerzeugungskosten (an der Oberspannungsklemme des Generators eines Kraftwerksblocks) stellt wegen der Vielzahl der zu berücksichtigenden Parameter ein überaus kompliziertes Problem dar. Eine weitere prinzipielle Schwierigkeit der Kostenberechnung besteht darin, daß die verschiedenen Ausgaben und Einnahmen zu verschiedenen Zeiten anfallen und wegen der Zinsverluste (bzw. -gewinne) nicht unmittelbar vergleichbar sind. Ein geeigneter Ausgangspunkt für Berechnungen solcher Art ist die sogenannte Barwertmethode, bei der alle Ausgaben und Einnahmen unter der Annahme eines zeitlich konstanten Zinssatzes auf einen bestimmten Zeitpunkt umgerechnet werden, so daß sich ein vergleichbarer Wert, der Barwert, ergibt.

3.2.1. Anlagekosten

Als Richtwert für die spezifischen Anlagekosten eines 1 300-MW-Kraftwerks mit Druck- oder Siedewasserreaktor gilt z.Z. (1976) ein Betrag um 1 250 DM/kW (ohne Erstkern). Hiervon entfallen ca.

20 % auf das nukleare Dampferzeugungssystem,
20 % auf den Turbosatz und die Nebenanlagen,
10 % auf die elektrische Ausrüstung,
17 % auf den Bauteil und
33 % auf Grundstückskosten, Bauzinsen, Nebenkosten u.a.

Einer Änderung der Anlagekosten um 100 DM/kW entspricht eine Änderung der Stromerzeugungskosten von etwas über 0,2 Pf/kWh (bei ca. 7 000 Benutzungsstunden).

3.2.2. Betriebs- und Unterhaltungskosten

Erfahrungswerte zeigen, daß trotz erschwerter Wartungs- und Reparaturmöglichkeit im nuklearen Teil die Betriebs- und Unterhaltungskosten von Kernkraftwerksblöcken in der gleichen Größenordnung wie diejenigen konventioneller Anlagen liegen. Bei verstärkter Entschwefelung im Betrieb von Kohlekraftwerken wird der jährliche Reparatur- und Wartungsaufwand den der Leichtwasser-Kernkraftwerke überschreiten. Die Personalkosten verschieben infolge der unterschiedlichen Blockgrößen – 600 MW fossil und 1 300 MW nuklear – die Betriebs- und Unterhaltungskosten zugunsten des Kernkraftwerkes.

Bei einer Aufteilung der Stromerzeugungskosten in Anlage-, Brennstoff- und Betriebskosten würden auf letztere 10 ... 15 % entfallen.

3.2.3. Brennstoffkreislaufkosten

Die Berechnung der Brennstoffkreislaufkosten bei Kernkraftwerken ist zweifelsohne komplizierter als bei den mit fossilen Brennstoffen betriebenen Kraftwerken. Während die Brennstoffkosten fossil betriebener Kraftwerksblöcke nur aus den reinen Primärenergiekosten ab Zeche oder Raffinerie plus Transport- und Lagerkosten bestehen und zeitlich kurzfristig (ca. 1/2 Jahr) angepaßt werden können, muß für Kernkraftwerke der Brennstoff erheblich länger disponiert werden. Dieses Verfahren schließt eine größere Versorgungssicherheit mit ein.

Im Falle eines mit angereichertem Uran arbeitenden Kernkraftwerkes ist jede Brennstoffcharge Gegenstand einer Reihe von Operationen, die sich über eine ziemlich lange Zeit, im Mittel 4–6 Jahre, erstrecken. Alle diese Operationen verursachen letztlich Kosten, in einigen Fällen auch Gutschriften des Restbrennstoffs. Bei Verwendung von Uran als Brennstoff handelt es sich dabei im wesentlichen um folgende Operationen: Förderung des Erzes, Gewinnung des Erzkonzentrates, Vorgang der Isotopenanreicherung unter Überführung in Uranhexafluorid (UF_6), Verarbeitung zu dem als Brennstoff geeigneten Uran, nämlich als Reinmetall oder Legierung, als Sinterkörper (keramische Elemente), als Oxid, Karbid oder dergleichen, sodann Herstellung der Brennelemente unter Verwendung eines Hüllmaterials (nichtrostender Stahl, Zircaloy, Graphit oder dergleichen), Transport zum Reaktorstandort, Lagerung am Standort, Einbringen und Bestrahlung, Abklingenlassen im Kühlbecken, Transport des bestrahlten Brennstoffes zur chemischen Aufbereitung, Rückgewinnung der wiederverwendbaren ursprünglich vorhandenen oder durch Bestrahlung im Reaktor erzeugten Spaltstoffe (Uran und Plutonium), Abtransport dieser Spaltstoffe zur Vorbereitung der Wiederverwendung als Brennstoff und schließlich endgültige Beseitigung der radioaktiven Abfälle (Entsorgung).

Ausgangsmaterial für den Brennstoffkreislauf ist das Uran (U) mit seiner natürlichen Isotopenzusammensetzung (0,71 Gewichtsprozent ^{235}U, Rest ^{238}U). Es wird zumeist bergmännisch aus Erzen gewonnen, wobei abbauwürdige Uranerze im allgemeinen etwa 0,1 ... 0,3 % U_3O_8 enthalten. Es empfiehlt sich, direkt am Abbauort aus dem Erz ein Urankonzentrat herzustellen, das in seiner handelsüblichen Form mehr als 70 % U_3O_8 enthält.

Uran wird in allen Kontinenten gewonnen, über die in der westlichen Welt vorhandenen Uranvorräte und Produktionskapazitäten wird laufend berichtet. Darüber hinaus erfolgt weltweit Prospektion und Exploration nach Uran, das zu wirtschaftlich vertretbaren Kosten gewonnen werden kann. Angesichts der in den letzten Jahren dabei erzielten Erfolge kann davon ausgegangen werden, daß es in absehbarer Zeit zu keiner Uranverknappung kommt (vgl. Bischoff, G. und W. Gocht: Das Energiehandbuch, Abschnitt VI, Vieweg, Braunschweig 1976).

Leichtwasserreaktoren benötigen als Kernbrennstoff angereichertes Uran und zwar für die Brennelemente des Erstkerns mit einem Gehalt von im Mittel etwa 2,5 ... 2,8 Gew.-% ^{235}U und für die Nachladungsbrennelemente Uran mit etwa 3,0 ... 3,5 Gew.-% ^{235}U. Für die heute als technisch realisierbar betrachteten Anreicherungsverfahren wird das Uran in Form von nuklearreinem Uranhexafluorid (UF_6) benötigt.

Die Verfahren zur Anreicherung des Urans verwenden entweder die Diffusion von Gasen durch poröse Membranen oder die Einwirkung der Zentrifugalkraft auf strömendes Gas (Gaszentrifuge, Trenndüse). Während die letztgenannten Verfahren z.Z. in Pilotanlagen erprobt werden, sind große Gasdiffusionsanlagen – vor allem in den USA – seit längerer Zeit in Betrieb. Trennverfahren mit Hilfe von Laserstrahlen sind im Entwicklungsstadium.

Das Gaszentrifugenverfahren zeichnet sich durch einen geringen Energiebedarf pro Trennkapazität bei niedrigeren Anreicherungsgraden aus.

Hochtemperaturreaktor-Brennelemente werden z.Z. nur nach dem Gasdiffusionsverfahren wegen der Konzentration auf 93 % ^{235}U angereichert.

Die amerikanischen Anreicherungsanlagen könnten allein den Bedarf der westlichen Welt voraussichtlich bis 1982 decken.

Das angereicherte Uran ist als UF_6 das Ausgangsmaterial für die Herstellung der Brennelemente. Es wird zunächst in Urandioxid (UO_2) umgewandelt und dann zu gesinterten UO_2-Tabletten (Pellets) verarbeitet. Diese werden in dünnwandige Zircaloy-Rohre gefüllt, die durch Verschweißen mit Endkappen gasdicht und druckfest verschlossen werden und so die Brennstäbe bilden, die dann mit den übrigen Strukturteilen als Stabbündel zu Brennelementen montiert werden.

Der Einsatz der Brennelemente in den Reaktor erfolgt nach einem genauen Einsatzplan. Mit Ausnahme der am Ende der ersten Reaktorbetriebsperiode entladenen Brennelemente des Erstkerns bleiben die Brennelemente je nach Betriebsweise des Kernkraftwerkes zwischen 2 und 4 Jahre lang im Reaktor. Die abgebrannten hochradioaktiven Brennelemente werden nach einer Abkühl- und Abklingzeit von etwa einem halben Jahr (ca. 200 Tage) in Spezialbehältern vom Kernkraftwerk zu einer Aufarbeitungsanlage befördert. Dort wird das beim Abbrand der Brennelemente im Reaktor nicht verbrauchte Uran (Resturan) und das erbrütete Plutonium von den zumeist radioaktiven Spaltprodukten abgetrennt; letztere werden in eine für eine sichere Endlagerung geeignete Form übergeführt.

Die Aufarbeitung der abgebrannten Brennelemente ist wirtschaftlich gerechtfertigt, da der Wert des Resturans und des erbrüteten Plutoniums die Kosten für die Aufarbeitung übersteigt. Darüber hinaus ist jedoch zu berücksichtigen, daß bei Verzicht auf Aufarbeitung große Mengen abgebrannter hochradioaktiver Brennelemente in eine Endlagerung verbracht werden müßten, was mit einem erheblich höheren Kostenaufwand und Platzbedarf verbunden wäre.

Mit der Wiederaufarbeitung abgebrannter Brennelemente und Endlagerung des radioaktiven Abfalls ist der Brennstoffkreislauf der Kernkraftwerke im wesentlichen abgeschlossen. Das Problem der Lagerung und Wiederaufarbeitung ist technisch gelöst, wie eine erfolgreich in Betrieb befindliche große Anlage in Frankreich beweist. Die Belastung mit zusätzlichen Kosten wird die Konkurrenzfähigkeit des auf der Basis von Kernenergie erzeugten Stroms gegenüber dem sich auch durch die Entschwefelung ständig verteuernden Steinkohlestroms nicht beeinflussen. Über die geplante Errichtung einer deutschen Wiederaufarbeitungsanlage wird im Kapitel Nukleare Entsorgung ausführlich berichtet.

Bild 3.1 zeigt den gesamten Brennstoffkreislauf eines 1 000-MW-Leichtwasserreaktors mit Rückführung von Uran. In Bild 3.2 wird davon ausgegangen, daß Natururan als Matrixelement für die Plutonium-Mischoxid-Brennelemente verwendet wird.

Der Wert des bei der Aufarbeitung in Form von Nitraten gewonnenen Resturans und Plutoniums kann nur durch eine Wiederverwendung des Kernbrennstoffs realisiert werden. Das Resturan, das etwa 0,8 ... 1,0 Gew.%-^{235}U enthält, wird nach seiner Konversion von Uranylnitrat zu UF_6 als Ausgangsmaterial für die Anreicherung verwendet und kann dann als angereichertes Uran wieder in den Reaktor eingesetzt werden. In Einzelfällen läßt sich Resturan auch ohne erneute Anreicherung nach Vermischen mit Uran einer höheren Anreicherung oder direkt für den Einsatz in Brennelementen anderer Reaktortypen verwenden.

Das Plutonium kann sowohl in schnellen Brutreaktoren als auch in Leichtwasserreaktoren als Kernbrennstoff verwendet werden. Bis ein nennenswerter Bedarf an Plutonium für schnelle Brutreaktoren existiert, kann eine Realisierung des Plutoniumwertes nur über einen

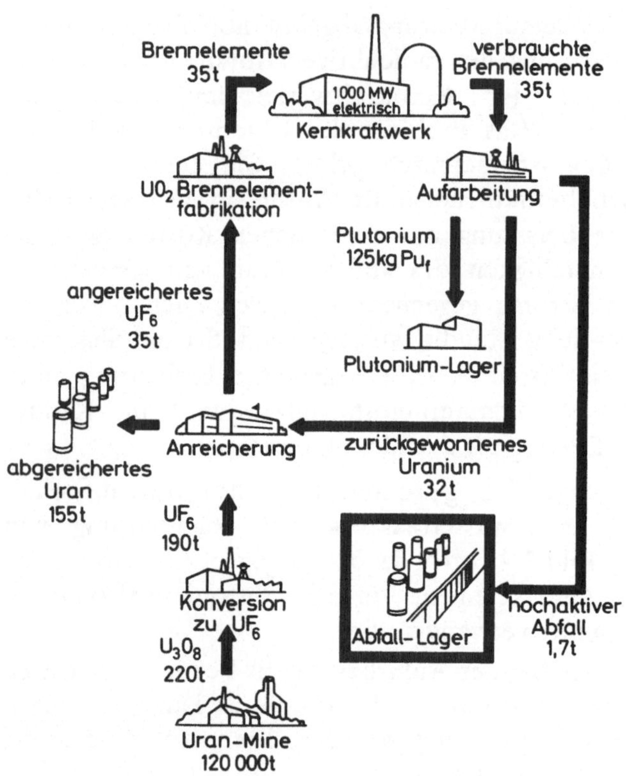

Bild 3.1. Brennstoffkreislauf mit Rückführung von Uran

Einsatz des Plutoniums in thermische Reaktoren, das Pu-Recycling, erfolgen.

Hinsichtlich der Verarbeitung des Plutoniums zu Brennelementen ergeben sich besonders aus der Radioaktivität des Plutoniums technologische Probleme, die durch die α-Aktivität des Plutoniums und die Eigenschaft des Plutoniums, sich im menschlichen Körper anzusammeln, bedingt sind. Plutonium darf nur völlig abgeschlossen

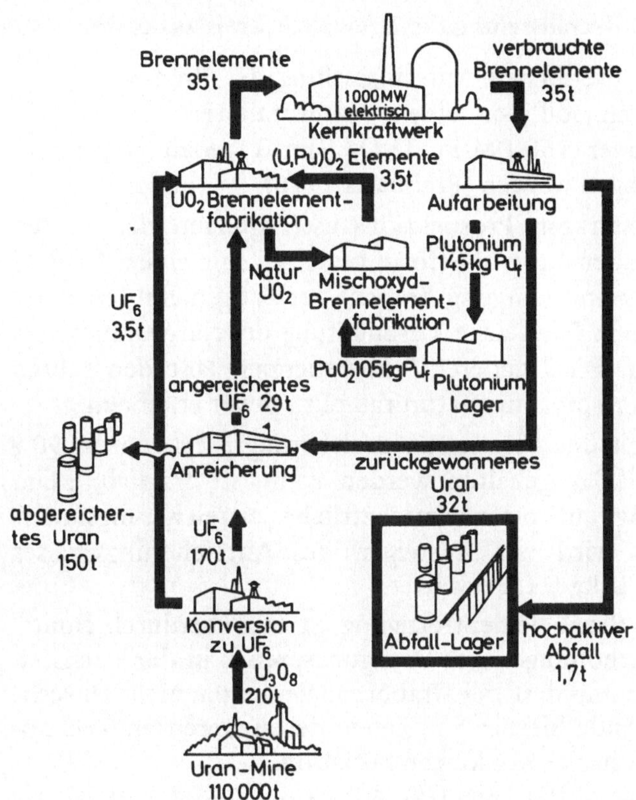

Bild 3.2. Brennstoffkreislauf mit Rückführung von Plutonium und Uran (USAEC, WASH-1327, 1974)

und ohne jede Kontaktmöglichkeit mit Personen zu Brennstäben verarbeitet werden.

Die mit der Plutoniumrückführung in Reaktoren verbundenen Probleme können als im wesentlichen gelöst betrachtet werden. So ist z.B. bei dem Brennelementwechsel bereits 1973 im Kernkraftwerk Obrigheim mit der Wiedereinsetzung des im Reaktor erzeugten Plutoniums begonnen worden.

3.2.4. Aufschlüsselung der Brennstoffkreislaufkosten

Bei der preislichen Aufschlüsselung der Brennstoffkreislaufkosten soll von einem Natururanpreis von 30 $/lb U_3O_8 oder 160 DM/kg U_3O_8 (im Tagebau gewonnen) ausgegangen werden (Preisbasis 1976).

Die verstärkten Prospektionsanstrengungen der letzten Jahre haben bereits Erfolge gezeitigt, mit einem Engpaß in der Uranversorgung braucht vorläufig nicht gerechnet zu werden. Die starke Verknüpfung des Natururanpreises mit dem Preis anderer Primärenergien läßt den echten Gestehungspreis für Natururan nur schwer erkennen.

Inwieweit der derzeitige Anreicherungspreis von ca. 90 $ pro kg UTA gehalten werden kann, ist fraglich. Beim Übergang auf privatwirtschaftliche Anreicherungsunternehmen wird ein Ansteigen des Anreicherungspreises auf 100 $/kg UTA erwartet.

Bei der Brennelementfertigung ist mit überdurchschnittlichen Erhöhungen des Fertigungspreises in den nächsten Jahren zumindest bei Uranbrennelementen nicht zu rechnen. Gründe hierfür sind neben der ausgereiften Technologie die starke Konkurrenzsituation.

Im Bereich der Wiederaufarbeitung einschließlich des Transportes ist die Lage von der preislichen Seite noch nicht geklärt. Die heutigen Schätzungen liegen wesentlich realistischer als die zu geringen Preisangaben vor einigen Jahren. Soviel steht fest, daß die Wiederaufarbeitung die empfindlichsten Preiserhöhungen des gesamten Brennstoffkreislaufes erfahren hat.

Für die Endlagerung des hochaktiven Abfalls gibt es viele technisch realisierbare Vorschläge, jedoch noch keine großtechnische Erfahrung. Die heute angenommenen Preise werden noch steigen, zumindest bis zum großtechnischen Einsatz der Zwischen- und Endlagerung.

Die Rückvergütungspreise für Uran und Plutonium aus der Wiederaufarbeitungsanlage hängen nicht nur von der Funktionsfähigkeit der Anlagen sondern auch vom Natururanpreis ab. Der Rücknahmepreis für Uran dürfte wesentlich unter dem Preis für Natururan liegen. Der Plutoniumpreis hängt auch vom Einsatz Schneller Brüter und von der Entwicklung der Rückführung des Plutoniums in Leichtwasserreaktoren ab. Es kann angenommen werden, daß der Wert des Urans aus der Wiederaufarbeitung um einen Faktor 2 unter dem von Natururan liegt.

Die Brennstoffkreislaufkosten bei Kernkraftwerken mit Leichtwasserreaktoren machen ca. 20 % der Stromerzeugungskosten aus, davon sind 15 ... 20 % reine Urankosten.

Zur Erläuterung der obigen Aufschlüsselung möge das Bild 3.3 dienen, das die Brennstoffkreislaufkosten prozentual aufgliedert.

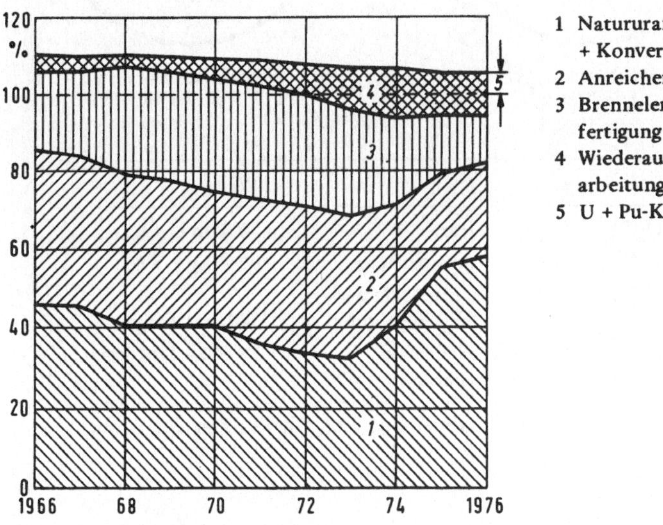

Bild 3.3. Prozentuelle Aufschlüsselung der Brennstoffkreislaufkosten

Die Kostenerhöhungen der letzten drei Jahre haben die Brennstoffkreislaufkosten eines Kernkraftwerkes der 1 300-MW-Klasse von ca. 0,5 Pf/kWh auf ca. 1,6 Pf/kWh ansteigen lassen. Bild 3.4 liefert eine Übersicht über den Anstieg der Brennstoffkreislaufkosten in der Zeit von 1973 bis 1976.

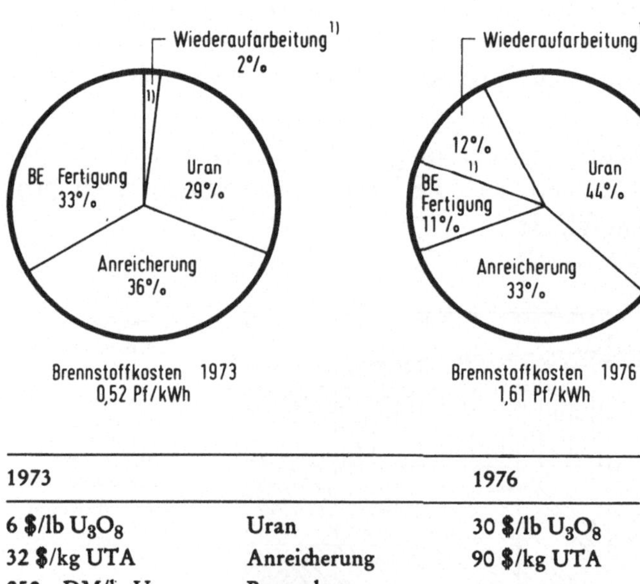

1973		1976
6 \$/lb U_3O_8	Uran	30 \$/lb U_3O_8
32 \$/kg UTA	Anreicherung	90 \$/kg UTA
250,– DM/kgU	Brennelement-(BE.)-Fertigung	340,– DM/kg
160,– DM/kgU	Wiederaufarbeitung	> 500,– DM/kgU

1 Wiederaufbereitung nach Abzug der Gutschriften für Uran und Plutonium

Bild 3.4. Anstieg der Brennstoffkreislaufkosten

3.2.5. Stromerzeugungskostenvergleich von Kernkraftwerken und konventionellen Wärmekraftwerken

Bei einem 1 300-MW-Kernkraftwerk mit Druckwasserreaktor kann man überschlägig nach dem Stand von Mitte 1976 mit Stromerzeugungskosten von 3,8 Pf/kWh rechnen, der Lastfaktor ist 0,7, d.h. die Anlage ist zu 70 % (6 150 Benutzungsstunden pro Jahr) ausgenutzt.

Bei konventionellen Wärmekraftwerken sind die Anlagekosten niedriger, die Brennstoffkosten jedoch erheblich höher als bei Kernkraftwerken. Bei einem Heizölpreis von 180 DM/t beträgt allein der Brennstoffverbrauchsanteil der Stromerzeugungskosten ca. 4,0 Pf/kWh, was bei gleicher Auslastung der Anlage wie oben zu Stromerzeugungskosten von ca. 6,5 Pf/kWh führt.

Nach dem heutigen Stand der Technik und den augenblicklichen Preisen für Stromerzeugungsanlagen und Brennstoffe läßt sich – subventionsfrei gesehen – die Wettbewerbssituation der Kernenergie gegenüber Steinkohle und Heizöl bei der Stromversorgung durch folgende Relation der spezifischen Stromerzeugungskosten (Pf/kWh) darstellen:

Steinkohle: Öl : Kernenergie 7,5 : 6,5 : 4,5

Dem Kernenergie-kWh-Preis ist hierbei schon ein Puffer für die wahrscheinlich von den Elektrizitätsversorgungsunternehmen zu tragenden Kosten für eine Atommülldeponie (Entsorgungspark) eingeräumt worden. Vom rein wirtschaftlichen Gesichtspunkt müßte demnach der künftige Strombedarf überwiegend durch Kernkraftwerke im Grundlastbereich (4 500 ... 7 000 Benutzungsstunden pro Jahr) gedeckt werden (vgl. Th. Bohn, 1977).

Als reales Beispiel für die obige Kostenanalyse sei erwähnt, daß nach Angaben des Betreibers (RWE) der vom 1 204-MW-Kernkraftwerk Biblis A im ersten Betriebsjahr (1975/76) erzeugte Strom bereits eine Ersparnis von

300 Mio DM gegenüber dem Strom aus zwei Steinkohle-Kraftwerken von je 600 MW Leistung erbracht hat. Analoge Einsparungen verzeichnet das seit 1972 ununterbrochen in Betrieb befindliche 662-MW-Kernkraftwerk Stade.

Künftige Hochtemperaturreaktoren dürften gegenüber Leichtwasserreaktoren höhere Anlagekosten aber etwas niedrigere Brennstoffkreislaufkosten infolge des besseren thermischen Wirkungsgrades haben.

Für Schnelle Brüter gilt im Prinzip ähnliches. Die Erwartung niedriger Brennstoffkreislaufkosten stützt sich hier vor allem auf die zu erreichende Brutrate und die weitgehende Unabhängigkeit dieser Kosten von den Preisen für Natururan und Trennarbeit. Dem stehen jedoch die z.Z. noch nicht voll übersehbaren Herstellungspreise für Plutoniumbrennelemente dieser Reaktoren gegenüber.

3.3. Kernenergie und Volkswirtschaft

Die Stromkostenverbilligungen durch Kernenergie werden zweifellos der gesamten Wirtschaft direkt oder indirekt zugute kommen, wobei man heute noch nicht sagen kann, in welchem Maße eine Strompreisstabilität die Wirtschaftsentwicklung beeinflußt. Eine verbesserte Kostensituation bei der Stromerzeugung wird es der Elektrizitätswirtschaft erleichtern, ihren Entwicklungsbeitrag beim Übergang von den Kernkraftwerken der ersten Generation, im wesentlichen den Leichtwasserreaktoren, zu den Kernkraftwerken der zweiten Generation, den Hochtemperaturreaktoren und Schnellen Brütern, zu leisten.

Ein hochindustrialisiertes Land wie die BR Deutschland muß technische Entwicklungen auch unter dem Gesichtspunkt der Außenhandelsbeziehungen sehen. Die Maschinenbau- und Elektroindustrie ist neben der chemischen Industrie im Zuge der internationalen Arbeitsteilung ein besonders aktiver Posten unseres Exports.

Sicherlich läßt sich die Kernkraftwerksentwicklung nicht primär aus Exportüberlegungen heraus motivieren, zumal bestenfalls nur ein Drittel bis zur Hälfte der Anlageninvestition überhaupt als Exportvolumen in Frage kommt. Der Hauptnutzen der Kernkraftwerke liegt im Inlandeinsatz. Dennoch läßt sich abschätzen, daß bereits in den 80er Jahren jährlich einige Mrd. DM an Kernkraftwerksexporten aus der BR Deutschland möglich sind. Diese Zahl kann man den erforderlichen Importen von Kernbrennstoffen in der Größenordnung von 0,5 Mrd.DM gegenüberstellen. Die Devisenbilanz aus der Kernenergienutzung wird in Zukunft durchaus positiv aussehen.

In diesem Zusammenhang ist schließlich zu erwähnen, daß die Entwicklung sowohl der Schnellen Brüter als auch der Hochtemperaturreaktoren in mehr oder weniger ausgeprägtem Maße bereits heute in Zusammenarbeit mit anderen Ländern geschieht, so daß die Entwicklungskosten, die von der Allgemeinheit aufgebracht werden müssen, auf eine breitere volkswirtschaftliche Basis als nur die deutsche gestellt werden.

4. Reaktorsicherheit

Ein Wort zuvor: Eine nukleare Explosion, wie bei einer Atombombe, ist bei einem Reaktor grundsätzlich, d.h. aus physikalischen Gründen, nicht möglich, weil die Reaktorleistung mit steigender Temperatur und abnehmender Moderatordichte (z.B. beim Übergang von Wasser zu Dampf) sinkt, die Kettenreaktion würde sich daher sofort von selbst abschalten (in der Fachsprache: Es besteht inhärente Sicherheit durch negative Reaktivität).

Die in den Brennelementen im Laufe des Betriebes anfallende Radioaktivität stellt ohne Frage eine erhebliche potentielle Gefahr dar. Würde theoretisch die Gesamtaktivität eines großen Reaktors (überwiegend Edelgas- und Jodisotope) schlagartig freigesetzt, so ergäbe sich eine Aktivitätskonzentration, die bereits bei einem einstündigen Aufenthalt in solcher radioaktiven Atmosphäre die Ganzkörper-Gefährdungsdosis von 25 rem überschreitet. Dazu käme noch die äußere Strahlenbelastung von gleicher Größenordnung. Die völlige Freisetzung der in einem Reaktor enthaltenen Radioaktivität könnte daher katastrophale Folgen haben.

Wichtigste Aufgabe der technischen Sicherheitseinrichtungen ist es daher, derartige Katastrophen unmöglich zu machen und auch kleinere Störfälle mit hinreichender Sicherheit auszuschließen. Zu diesem Zweck ist jede Reaktoranlage mit umfangreichen Schutzvorrichtungen ausgestattet, die auf Grund sorgfältiger Störfall- und Unfall-Analysen ausgelegt werden. Vor der Inbetriebnahme eines Reaktors muß den Genehmigungsbehörden ein sogenannter Sicherheitsbericht vorgelegt werden, der eine genaue Beschreibung der Anlage mit ihren Sicherheitseinrichtungen enthält und den Nachweis erbringt, daß die geplante Anlage die Umgebung nicht gefährdet (§ 7 des Atomgesetzes).

4.1. Schutzmaßnahmen und sicherheitstechnische Einrichtungen

Kernkraftwerke müssen so konstruiert werden, daß sie eine Reihe gedachter (hypothetischer) Störfälle sicher und ohne Schaden für die Umgebung beherrschen. Störfälle bis hin zum sogenannten „GAU" (größten anzunehmenden Unfall) sind zwar sehr unwahrscheinlich, aber doch noch vorstellbar. Das in den USA entwickelte Störungsmodell muß auch von den deutschen Kernkraftwerken beherrscht werden. Das bedeutet, daß beim Auftreten eines GAU die verschiedenen Sicherheitsvorrichtungen vorhanden, intakt, ausreichend redundant und diversitiv sein müssen, damit keine Schädigung der Betriebsmannschaft und der Umgebung auftreten kann.

Bei den heutigen Leichtwasserreaktoren ist es üblich, als GAU den Bruch einer Kühlmittelleitung anzusetzen. Die wichtigsten und aufgrund von theoretischen und experimentellen Untersuchungen gelösten Probleme sind die Notkühlung des Core und das Intaktbleiben der Sicherheitshülle. Zusätzlich müssen alle Kernkraftwerke gesichert sein gegen Flugzeugabsturz, Erdbeben (Stärke VIII) und Gaswolkenexplosion. Selbst dem eventuellen Eindringen von Saboteuren und Terroristen wird mit Maßnahmen begegnet. Hintereinander geschaltete Schutzbereiche sowie dazwischenliegende mechanische Barrieren (mehrfach ausgelegt) versperren jedem Eindringling den Weg zu störungsempfindlichen Stellen der Anlage. Strenge Personalkontrollen beim Betreten der Anlage sind gesetzlich vorgeschrieben.

Zu den obigen Schutzaktionen treten die sogenannten passiven Sicherheitseinrichtungen (Bild 4.1). Bei Druckwasserreaktoren sind dies:

- die Hüllrohre und der geschlossene Primärkreislauf (Reaktorkühlkreislauf) als erste und zweite Barriere gegen ein Entweichen der Spaltprodukte,
- die biologische Abschirmung (4) mit Trümmerschutzzylinder (21),
- der gasdichte Sicherheitsbehälter (Containment) (11) aus Stahl (etwa 30 mm Wanddicke) mit Innen-Luftabsaugung,
- die Sekundärabschirmung (12) aus Beton,
- die Druckspeicher (16), die boriertes Wasser enthalten und im Falle eines starken Kühlmittelverlustes über Rückschlagarmaturen schnell und selbsttätig hinreichende Wassermengen in den Kühlkreislauf einspeisen, und
- die Notkühlsysteme (14 und 15).

Der Sicherheitsbehälter ist so ausgelegt, daß er auch bei totalem Kühlmittelverlust Masse und Energie des Primärkühlmittels aufnehmen kann. Zum Schutz der Umgebung vor der Direktstrahlung des radioaktiven Kühlmittels ist der Sicherheitsbehälter von einer Sekundärabschirmung umgeben. Um ein Entweichen radioaktiver Stoffe durch eventuelle Undichtigkeiten zu vermeiden, wird der Ringraum zwischen Stahlhülle und Betonhülle auf Unterdruck gehalten. Außerdem werden an Montageöffnungen, größeren Durchführungen usw. eventuell durchtretende Leckagen abgesaugt und in den Sicherheitsbehälter zurückgepumpt.

Die Störfälle bis hin zum Auslegungsunfall (GAU) liefern nur einen vernachlässigbar kleinen Anteil am Gesamtrisiko. Die Wahrscheinlichkeit eines Kühlmittelverlust-Unfalls, bezogen auf ein Jahr, ist mit $10^{-5} \dots 10^{-6}$ abgeschätzt worden.

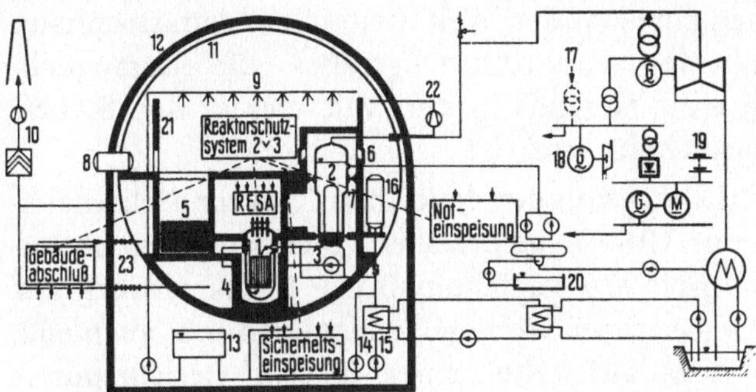

Bild 4.1. Sicherheitstechnische Einrichtungen für Druckwasserreaktoren der KWU

1 Reaktor
2 Dampferzeuger
3 Hauptkühlmittelpumpe
4 Biologischer Schild
5 Brennelement-Becken
6 Überströmöffnung
7 Dampferzeuger-Abstützung
8 Materialschleuse
9 Gebäudesprüheinrichtung
10 Ringraumabsaugung
11 Sicherheitshülle
12 Sekundärabschirmung
13 Borwasser-Flutbehälter (4 × 50%)
14 HD-Sicherheitseinspeisepumpe (4 × 50%)
15 ND-Sicherheitseinspeisepumpe und Nachwärmekühler (4 × 50%)
16 Druckspeicher
17 Anfahrnetz-Einspeisung
18 Notstrom-Dieselgenerator
19 Batterie
20 Deionatbecken
21 Trümmerschutzzylinder
22 Rückpumpeinrichtung
23 Unterdruckhaltung

Angriffspunkt heutiger Kernkraftwerksgegner sind hypothetische Störfälle, die mit dem Kernschmelzen zusammenhängen. Erst wenn das mehrfach redundant ausgelegte Notkühlsystem versagt, könnte es theoretisch wegen des Ausfalls der Wärmesenke zum sogenannten Kernschmelzen kommen. Ob sich ein Durchschmelzen von Reaktordruckgefäß, Abschirmung und Containment überhaupt einstellt und ob sich überhaupt beim hypothetischen Kernschmelzen eine kritische Masse bilden kann, ist ungeklärt und infolge des vielen Strukturmaterials im Kern höchst unwahrscheinlich.

Viele Fachleute in der Welt halten ein katastrophales „Bersten“ des Reaktordruckgefäßes für unmöglich. Demnach wird nirgends in der Welt dies in den Sicherheitsanalysen berücksichtigt.

Die zusätzlichen, von der deutschen Reaktor-Sicherheitskommission (RSK) geforderten Sicherheitseinrichtungen beim bis 1976 geplanten BASF-Kernkraftwerk auf dem Ludwigshafener Werksgelände wiesen u.a. auch eine Berstsicherung auf. Nur unter diesem Gesichtspunkt kann man das am 14.3.1977 in Freiburg ergangene Verwaltungsgerichtsurteil verstehen, durch das die 1. Teilerrichtungsgenehmigung für das Kernkraftwerk Süd bei Wyhl aufgehoben wurde. Bereits am 16.3.1977 hat die Reaktor-Sicherheitskommission zu der Urteilsbegründung Stellung genommen. Sie erklärt dabei unter anderem ausdrücklich:

„In Übereinstimmung mit dem Verwaltungsgericht vertritt die RSK die Auffassung, daß selbstverständlich auch Vorsorge gegen das Bersten des Reaktordruckbehälters getroffen werden muß. Nach den physikalischen Gesetzmäßigkeiten kann ein Bersten des Reaktordruckbehälters, das zum Durchschlagen der Sicherheitshülle führt, erst ab einer gewissen Größe vorhandener Fehler eintreten. Durch die inzwischen erreichte Qualität der betrieblichen Wiederholungsprüfungen, einschließlich Druckproben, werden aber solche Fehler mit Sicherheit festgestellt, bevor sie zu katastrophalen Folgen führen können“.

Falls diese Erklärung vor dem Urteil bekannt gewesen wäre, hätte das Verwaltungsgericht wahrscheinlich anders entschieden.

Anfang April 1977 hat nämlich das Verwaltungsgericht Würzburg die von der bayerischen Staatsregierung erteilte Errichtungsgenehmigung für das Kernkraftwerk Grafenrheinfeld (1 300 MW) für rechtmäßig erklärt. Das Gericht gestattet damit den Bau fast des gleichen Reaktors, den das Verwaltungsgericht Freiburg im Fall des Kernkraftwerks Süd bei Wyhl (1362 MW) einige Wochen zuvor als ein zu großes Risiko (unzureichender Berstschutz) bezeichnet hatte.

4.2. Störfall- und Unfallanalysen

Im Mittelpunkt der gegenwärtigen weltweit und auf allen Ebenen geführten Diskussion über Sicherheit, potentielle Gefahren und Risiko der Kernkraftwerkstechnologie steht der im August 1974 in den USA erschienene sogenannte „Rasmussen-Report" (Norman C. Rasmussen, Massachusets Institute of Technology). Diese erste umfassende Reaktorsicherheitsstudie hat die Risiken der friedlichen Kernenergienutzung durch technische Detailuntersuchungen ergründet und in eine Gesamtperspektive gerückt. Danach ist die Wahrscheinlichkeit eines katastrophalen Kernkraftwerksunfalles bei der großmaßstäblichen Nutzung der Kernenergie viel geringer als die vieler nichtnuklearer Katastrophen mit ähnlich großen Konsequenzen. Alle nichtnuklearen Katastrophen wie Feuersbrünste, Explosionen, Freisetzung chemischer Gifte, Flugzeugabstürze, Dammbrüche, Erdbeben und Wirbelstürme haben eine viel größere Eintrittswahrscheinlichkeit bei Folgen, die den Folgen eines katastrophalen Kernkraftwerksunfalles gleichkommen oder diese übertreffen. Die Wahrscheinlichkeit, daß es zu einer Gefährdung von in der Umgebung von Kernkraftwerken lebenden Menschen kommt, ist außergewöhnlich gering gegenüber allen übrigen Risiken, denen der Mensch durch freiwilliges Handeln oder unfreiwillig ausgesetzt ist.

Die entsprechende deutsche Risikostudie wurde 1976 vom Bundesminister für Forschung und Technologie (BMFT) bei A. Birkhofer (Garching) als federführenden

Koordinator in Auftrag gegeben. Dies erschien erforderlich, da sich die deutschen Kernkraftwerke der KWU vor allem in den Sicherheitssystemen, speziell in den entmaschten und räumlich getrennten Notkühlsystemen, von den amerikanischen Anlagen unterscheiden. Die höhere Besiedlungsdichte und die klimatischen Bedingungen in der BR Deutschland erforderten ebenso eine Korrektur. Die deutsche Risikostudie wird erst 1978 vorliegen. Zwischenaussagen bestätigen bisher die amerikanischen Aussagen.

Die im September 1976 erschienene kritische Studie des Kölner Instituts für Reaktorsicherheit über „Vorkommnisse in kerntechnischen Anlagen", die bereits die Rasmussen-Studie mitberücksichtigt, kommt zu dem Schluß, daß sich auch künftig Störfälle in Kernkraftwerken nicht ausschließen lassen (sogenanntes Restrisiko). Trotz aller Anstrengungen zur Qualitätsgewährleistung werden Schäden an den Anlagen, Kontaminationen und Betriebsunterbrechungen unvermeidlich sein. Dennoch ist die Zuversicht gerechtfertigt, daß die Sicherheitseinrichtungen nachteilige Auswirkungen auf die Umgebung so unwahrscheinlich machen, daß die bisher überaus positive Sicherheitsbilanz erhalten bleibt (Entgegnung auf Einwände zu der von der deutschen Bundesregierung (BMI) veröffentlichten Störfalliste).

Im Anschluß an diese kritischen Stellungnahmen zum Thema Reaktorsicherheit noch eine kurze Bemerkung und eine kurze Frage:

Die Kerntechnik hat vor etwa 20 Jahren mit der Sicherheitsanalyse von Reaktoren begonnen und dann gebaut. Der Erfolg hat sich eingestellt, kein Reaktor – von Testreaktoren abgesehen – ist bisher außer Kontrolle geraten, kein tödlicher, nuklear bedingter Reaktorunfall hat sich ereignet. Viele andere Techniken sind den umgekehrten

Weg gegangen. Warum nehmen wir eigentlich noch heute gelassen und nahezu kritiklos allein im Verkehrs- und Transportbereich so viele Gefahren in Kauf, die in der BR Deutschland jährlich 15 000 bis 20 000 Tote – von der Zahl der Verletzten ganz zu schweigen – fordern? Wie gesagt, nur eine Frage außerhalb des Themas Reaktorsicherheit.

5. Strahlenschutz

Substanzen mit Atomkernen, die spontan und ohne äußeren Einfluß α-, β- oder γ-Strahlen emittieren, bezeichnet man als radioaktive Stoffe. In der Natur existieren solche Stoffe, wie z.B. Uran, Thorium und Radium. Man nennt sie natürlich-radioaktive Stoffe. Die von diesen Stoffen und von den aus kerntechnischen Anlagen abgegebenen radioaktiven Stoffen ausgesandten Strahlen sind prinzipiell gleich. Im Reaktor entsteht noch eine Neutronenstrahlung, die sich durch Sekundäreffekte zu einer der eingangs erwähnten Strahlenarten umwandelt.

Strahlen können sowohl von innen als auch von außen auf den Menschen einwirken. Die innere Strahleneinwirkung erfolgt über die Nahrung, das Trinkwasser und die Atemluft, die äußere Strahlungseinwirkung wird durch energiereiche Teilchen und Strahlen hervorgerufen, die von außen in den Organismus eindringen. Der Strahlenschutz stellt sich die Aufgabe, Strahlenschäden von vornherein zu verhüten, eventuell aufgetretene Strahlenschäden unverzüglich zu erkennen und zu beseitigen.

5.1. Abschirmung

Die vom Core ausgehende Strahlung muß so intensiv geschwächt werden, um benachbarte Betriebsräume für Personen zugänglich zu machen.

Zu diesem Zweck werden der Reaktor und alle übrigen radioaktiven Komponenten des Primärkreises von einer Betonabschirmung, dem sogenannten biologischen Schild (s. Bild 4.1), umgeben. Auch die doppelwandige Sicherheitshülle hat Abschirmungsaufgaben zu erfüllen. Darüber hinaus werden Abschirmungen auch zum Schutze mechanischer Komponenten angebracht. So befindet sich z.B. zwischen dem Core und dem Druckbehälter ein sogenannter thermischer Schild, der den Druckbehälter vor zu starker Neutronenbestrahlung (Folge: Materialversprödung) und γ-Absorption (Folge: Wärmespannungen) schützt.

Aus dem Core treten schnelle und thermische Neutronen, β- und γ-Strahlen in die Abschirmung ein. Die Reichweite der β-Strahlen ist nur gering; die schnellen Elektronen erzeugen jedoch während ihrer Abbremsung elektromagnetische Bremsstrahlung. Durch Einfang thermischer Neutronen entsteht sekundäre γ-Strahlung.

Zum Schutz des Personals werden Strahlenschutzmaßnahmen für alle Strahlenquellen getroffen, gleichgültig ob sie den Menschen durch Strahlung von außen oder nach Inkorporation eines Radionuklids von innen bedrohen. Das Problem besteht aber darin, daß der Mensch kein genügend empfindliches und schnell anzeigendes Organ besitzt, um ionisierende Strahlung zu erkennen. Er ist deshalb auf die Meßtechnik, speziell auf die Strahlenschutzmeßtechnik, angewiesen. Mit ihrer Hilfe können Strahlenfelder nach Art, Energie und Intensität ausgemessen und lokalisiert werden, können Aktivitäts- und Radionuklidbestimmungen am Arbeitsplatz vorgenommen werden, um auf Grund dieser Meßwerte die notwendigen Strahlenschutzmaßnahmen einzuleiten.

Während die aus dem Reaktorkern stammende direkte Neutronen- und γ-Strahlung infolge der getroffenen Abschirmungen außerhalb der Reaktoranlage völlig vernachlässigbar ist, läßt sich eine Abgabe flüssiger und gasförmiger Aktivitäten an die Umgebung nicht vollständig vermeiden (z.B. bei Brennelementschäden oder Kühlmittelverunreinigung). Die dem Emissionsschutz dienenden verfahrenstechnischen Anlagen haben die Aufgabe, die radioaktive Umweltbelastung unterhalb der maximal zulässigen Werte zu halten, was bis jetzt bei allen in Betrieb befindlichen Kernkraftwerken im vollen Maße erreicht worden ist.

Eine charakteristische Größe für die Beurteilung der Schutzmaßnahmen ist die zu erwartende Strahlendosis, die Personen in der Umgebung eines Kernkraftwerks als Folge glaubhafter Störfälle erhalten können. Aus den vorliegenden Kenntnissen über die Wirkung radioaktiver Stoffe und ihrer Strahlung auf den Menschen hat man bestimmte Dosisrichtwerte festgelegt, die in der Umgebung von Kernkraftwerken, auch bei schweren glaubhaften Unfällen, nicht überschritten werden dürfen.

5.2. Überwachung

Um über längere Zeiträume, beispielsweise über jeweils ein Jahr, die genaue Dosis an bestimmten Stellen der Umgebung einer kerntechnischen Anlage zu ermitteln, werden integrierende Dosimeter, z.B. Phosphatglasdosimeter, ausgelegt. Mit dieser einfachen Methode lassen sich schon geringe Veränderungen des Jahresstrahlenpegels feststellen, die vielleicht dadurch zustande gekommen sein können, daß ständig eine geringe Erhöhung der Luftaktivität herrschte oder auch daß einmalig kurzzeitig eine intensivere Strahleneinwirkung registriert wurde, beispielsweise von einem nicht vorschriftsmäßig abgeschirmten Transport radioaktiver Stoffe.

Ein wichtiger Sonderfall der Umgebungsüberwachung ist die Kontrolle von Tritium im Wasserdampf der Luft, das u.U. aus dem Reaktorkühl- oder Moderatorwasser stammen kann. Dieses Tritium ist ein so energiearmer β-Strahler, daß seine Strahlung in Luft im Mittel nicht einmal eine Reichweite von 1 mm hat. Deshalb versagen hier die üblichen Meßgeräte. Es gibt jedoch für die Tritiumüberwachung sehr empfindliche, kontinuierlich arbeitende Luftüberwachungsanlagen mit speziellen Proportionalzählrohren. Man kann auch den Wasserdampf der Luft mit Trockeneis ausfrieren und das ausgefrorene Wasser in einem Flüssigszintillationszähler auf seinen Tritiumgehalt ausmessen.

Ein Kernkraftwerk stellt mit seinem großen Gehalt an unvermeidbar entstehenden radioaktiven Stoffen ein Gefährdungspotential dar, das erheblich größer ist als das konventioneller Kraftwerke. Die notwendigen Kenntnisse zur Beherrschung dieser Gefahr sind vorhanden. Im Rahmen einer Sicherheitsphilosophie, die weitaus strenger und konsequenter ist, als sie bisher für nichtnukleare gefährdende Anlagen üblich war, wird eine Fülle von Sicherheitseinrichtungen für jedes Kernkraftwerk verlangt und auch realisiert. Die gesetzlichen Grundlagen für eine umfassende und gründliche Sicherheitskontrolle beim Bau und beim Betrieb von Kernkraftwerken sind geschaffen. Die Sicherheitskontrollen werden auch durchgeführt. Wirtschaftliche Aspekte zwingen ebenso dazu, sichere Kernkraftwerke zu bauen und diese dann auch sicher zu betreiben.

Es sprengt nicht den Rahmen der Sicherheitsbetrachtungen, wenn man sich auch die Frage stellt, was mit einem Kernkraftwerk nach einer Betriebszeit von 30 oder 40 Jahren geschehen soll.

Der abgebrannte Brennstoff wird zur Aufarbeitungsanlage abtransportiert. Ebenso wird man alle im Kernkraftwerk vorhandenen radioaktiven Abfälle zu einem Sammellager schaffen. Die nicht radioaktiv kontaminierten Teile eines Kernkraftwerkes können ebenso wie bei einem konventionellen Kraftwerk demontiert und verschrottet werden. Übrig bleiben im wesentlichen nur das Reaktordruckgefäß mit den sonstigen Teilen des Primärkreislaufs und die voluminösen und massiven Abschirmungen aus Beton.

Für die Umgebung bedeutet ein soweit demontiertes Kernkraftwerk kein Strahlenrisiko mehr, solange die Abschirmungen erhalten bleiben. Die Sicherung und Erhaltung dieser Abschirmungen ist in jedem Fall möglich und bedingt keinen allzugroßen Aufwand. Auch eine sichere, für die Umgebung völlig ungefährliche Demontage der restlichen Teile eines Kernkraftwerks ist technisch ohne weiteres durchführbar und nur eine Frage des finanziellen Aufwands. Kostenvorstellungen liegen bereits vor.

Die Strahlenbelastung der in Kernkraftwerken Beschäftigten ist geringer als die für beruflich Strahlenbeschäftigte zulässige. Durch die Ableitung der radioaktiv kontaminierten Abluft und des radioaktiv kontaminierten Abwassers werden an keinem Ort in der Umgebung von einem Kernkraftwerk oder mehreren Kernkraftwerken auch nur zeitweilig Personen mehr als zu einem Viertel der natürlichen Strahlenbelastung ausgesetzt.

Nach dem letzten amtlichen Jahresbericht über Umweltradioaktivität und Strahlenbelastung betrug die mittlere zusätzliche Strahlenbelastung bei allen Kernkraftwerken im Umkreis von drei Kilometern weniger als ein Tausendstel der natürlichen Strahlenbelastung. Bei allen Kernkraftwerken wurde demnach im Jahresmittel weniger als 0,1 mrem gemessen, während die mittlere natürliche Radioaktivität in der BR Deutschland etwa 110 mrem im Jahr ausmacht.

Die jährliche natürliche Strahlenbelastung setzt sich nach diesem Bericht zusammen aus 30 mrem aus dem Kosmos, ca. 60 mrem aus dem Erdboden einschließlich der verwendeten natürlichen Baustoffe sowie aus 20 mrem durch vom menschlichen Körper aufgenommene radioaktive Stoffe. An der künstlichen Strahlenexposition von 60 mrem haben alle kerntechnischen Anlagen zusammen mit weniger als einem Millirem den geringsten Anteil. Der größte Anteil entfällt hier mit 50 mrem jährlich auf die Röntgendiagnostik, in der Nuklearmedizin ist die Strahlenbelastung auf 2 mrem angestiegen.

Mediziner und Biologen werden sich der These des US-Kernphysikers Sternglass (Pittsburgh) stellen, wonach die gleiche Strahlungsmenge schädlicher sei, wenn sie innerhalb eines langen Zeitraums auf den Körper einwirkt, als wenn ein Körper kurzzeitig bestrahlt wird, wie es z.B. bei medizinischen Bestrahlungen geschieht. Diese These widerspricht der bisher geübten Praxis, nach der eine Kurzzeitbestrahlung für gefährlicher als eine Langzeitbestrahlung gehalten wird.

6. Ökologie (Umweltbeeinflussung)

Die Emissionen von Gasen oder Staub sowie die Abwärme, die als Verlustwärme beim Energieumwandlungsprozeß entsteht, sind die unsere Umwelt beeinflussenden Größen. Die Wahl der Kraftwerksstandorte wird in zunehmendem Maße von den zulässigen Immissionen für die Kraftwerksumgebung bestimmt.

6.1. Emissionen

Untersuchungen der letzten Zeit führen zu der Erkenntnis, daß es noch vor der Jahrhundertwende notwendig werden könnte, fossile Rohstoffe nicht mehr zu verbrennen, weil die Anreicherung der Atmosphäre mit Kohlendioxid (CO_2) und Schwefeldioxid (SO_2) dann existenzbedrohende Auswirkungen zeitigen könnte. In der Praxis bedeutet dies, bestimmte Rohstoffe nicht mehr weiter zu verbrennen.

Die künstliche Produktion von SO_2 in der Welt aus Verbrennung von Kohle und Öl beträgt heute etwa 120 Mio. Tonnen jährlich. Sie wird in einigen Jahren über der natürlich erzeugten Menge von 220 Mio. t liegen, die durch Zerfall organischer Substanzen entsteht. Über die lokalen und globalen Folgen der Produktion von SO_2 und CO_2 infolge der Verbrennung von Kohle und Öl, über die ökologischen, klimatischen und medizinischen Auswirkungen der ansteigenden Schadstoffemissionen lassen sich z.Z. nur Vermutungen anstellen. Dem CO_2-Einfluß wird bisher in keinem Umweltkriterium Rechnung getragen.

Ein direkter Vergleich der Konzentrationserhöhung des SO_2 aus fossil betriebenen Kraftwerken mit der Strahlenbelastung aus Kernkraftwerken ist bisher nicht möglich. Es kann daher nur die SO_2-Entlastung der Atmosphäre durch Kernkraftwerke gegenüber einem konventionellen Kraftwerksausbau abgeleitet und die Strahlenbelastung aus Kernkraftwerken mit der natürlichen radiologischen Belastung verglichen werden.

Die Emissionen der verschiedenen Kraftwerkstypen wurden unter der Voraussetzung ermittelt, daß jeder Typ den gesamten elektrischen Energiebedarf der BR Deutschland im Jahre 1970 erbracht hätte, und ins Verhältnis zu den maximal zulässigen Konzentrationen der Schadstoffe gesetzt. Bildet man die Quotienten aus zulässiger und tatsächlich verursachter Schadstoffbelastung (Schädigungsindex) für kohle-, erdgas- und nuklearbetriebene Kraftwerke, so stehen diese in einem Verhältnis von 1 000 : 1 00 : 1 (Schikarski) Danach wäre besonders in hochbelasteten Gebieten, z.B. Ballungsräumen, eine Umstrukturierung zugunsten der Kernkraftwerke anzustreben.

Die bisherigen Betriebserfahrungen mit Kernkraftwerken weisen Abgaberaten für radioaktive Stoffe in Höhe von etwa 1 % der natürlichen Strahlenbelastung auf (Bild 6.1).

Der Reduktion der gesamten Belastungen der Bevölkerung auf unbedeutende radiologische Werte steht z.Z. nicht nur die psychologische Barriere sondern auch die heutige Genehmigungspraxis entgegen, die im Nahbereich (bis 5 km Umkreis) nur 1 000 Einwohner pro km^2 und im Entfernungsbereich von 20 ... 80 km vom Kraftwerksstandort nur einen Maximalwert von 302 Einwohnern pro km^2 zuläßt.

Langfristige Belastungen unseres Ökosystems sind grundsätzlich außer durch Krypton 85 (^{85}Kr, Kr-85), das von Kernkraftwerken nur in relativ geringen Mengen emittiert wird, durch die Nichtjod-Aerosole möglich. Die Zu-

Quelle	von	bis
Kosmische Strahlung	30 (Meeresniveau)	60 (1500 m)
Boden	40 (Sedimente)	150 (Granit)
Körpereigene Stoffe	20	20
natürlich	90	230
Hauswände	20 (Holz)	50 (Ziegel)
Röntgendiagnostik	25 (BRD)	55 (USA)
Bombenfallout	5	5
künstlich	50	110
Summe	140	340
Kernkraftwerke	0,2 (Menschheit im Jahr 2000)	1 (Anrainer)

Bild 6.1. Strahlenbelastung des Menschen in mrem pro Jahr

sammensetzung dieser Aktivität ist für die potentiellen Belastungen von besonderer Bedeutung, da die einzelnen Nuklide in bezug auf die radiologische Gefährlichkeit beträchtliche Unterschiede aufweisen. Hinsichtlich möglicher Auswirkungen müssen insbesondere die Nuklide Strontium 90 (^{90}Sr, Sr-90) und Cäsium 137 (^{137}Cs, Cs-137) sowie die Actiniden (Np, Pu, Am, Cm), die u.U. in geringsten Mengen emittiert werden, beachtet werden.

Radiologische Untersuchungen haben jedoch ergeben, daß hinsichtlich der Abgabe radioaktiver Stoffe mit der Fortluft der Transport von Jod 131 (^{131}J, J-131) über den Expositionsweg Weide-Kuh-Milch der kritische Belastungspfad ist. Die Aufnahme und Anreicherung anderer Nuklide über die Nahrungsmittelkette ist im allgemeinen wesentlich geringer. Mögliche Belastungen einzelner Organe durch Aufnahme radioaktiver Stoffe (mit Ausnahme von ^{131}J) über diesen Belastungspfad werden unter äußerst ungünstigen Annahmen zu kleiner als 5 mrem pro Jahr geschätzt.

Diese Aussagen gelten nur für Einzelanlagen. Großtechnische Wiederaufarbeitungsanlagen oder eine Konzentrierung von Kernkraftwerken auf engem Raum führen zu einer Überlagerung der Strahlungsbelastung von den einzelnen Emissionsquellen und damit möglicherweise zu höheren Belastungen für die Bevölkerung. Selbst bei einer Anhäufung von kerntechnischen Anlagen werden die Ganzkörperdosisraten, überwiegend durch ^{85}Kr hervorgerufen, noch erheblich unter den zulässigen Werten liegen, lokal sind aber wesentlich höhere Konzentrationen möglich. Daher ist langfristig eine verstärkte Rückhaltung des ^{85}Kr zu beachten.

Analoge Aussagen sind auch für die Ableitung radioaktiver Stoffe mit dem Abwasser möglich, obwohl die ökologischen Prozesse in aquatischen Ökosystemen weitaus komplexer als in terrestrischen Ökosystemen sind. Die Anreicherung von Nukliden kann hier nämlich über mehrere Größenordnungen verschieden sein und wird durch eine Vielzahl von Parametern, wie die Wasserqualität, die Temperatur, die Trübheit des Wassers, sowie den Anteil der einzelnen Arten und die Häufigkeit der Organismen beeinflußt. Die Einführung der verschärften Strahlenschutzverordnung von 1976 hat in der Abgaberate für Wasser und Luft nicht die Kernkraftwerke sondern die medizinische Nukleartechnik zu einer Änderung gezwungen.

6.2. Abwärme

Bei der Umwandlung von Primärenergie in elektrischen Strom entstehen nichtvermeidbare Abwärmeverluste. Diese Abwärme wird je nach Umweltbedingung an einen Fluß oder die Umgebungsluft abgegeben. Als Möglichkeiten der Wärmeabfuhr bieten sich

die Frischwasserkühlung,
die Kreislaufkühlung mit Naßkühltürmen,
die Kreislaufkühlung mit Trockenkühltürmen
und Kombinationen an.

Wie die drei Kühlungsarten maßstäblich aussehen, geht aus Bild 6.2 hervor. Es wurde ein 1 360-MW-Kernkraftwerk mit jeweils einem Naturzugkühlturm angenommen. Der Durchmesser und die Höhe des Trockenkühlturmes überschreiten bei weitem 100 m, so daß auch ästhetische Gründe die Standortwahl beeinflussen können. Außerdem bringt die trockene Kühlung noch größere Investitionen und schlechtere Wirkungsgrade als die Verdunstungskühlung (Naßkühlung) mit sich. Reine Trockenkühlung erfordert neue Entwicklungsarbeiten für Neben- und Notkühlsysteme. Bei dieser Technik ist auf die Staub- und Lärmbeeinflussung durch die Lüfter zu achten. Wahrscheinlich stellt eine Kombination von Naß- und trockener Luftkühlung die Zukunftslösung dar.

Die Naßkühltürme beeinflussen nur unbedeutend das lokale Klima. Sonnenscheindauer, Regen, Nebel und Feuchtigkeit schwanken durch den Kühlturmschwaden in der Art, wie ohnehin die örtlichen klimatischen Werte schwanken.

Der Kühlwasserbedarf bei Leichtwasser-Kernkraftwerken beträgt gegenüber fossil gefeuerten Dampfkraftwerken das 1,6fache. Das Abwärmeproblem ist daher kein spezifisches Kernkraftwerksproblem. Bei Frischwasserkühlung, die kaum noch durchführbar ist, werden 28 °C als maximale Wiedereinleitungstemperatur gestattet, dies kann den Einsatz einer Ablaufkühlung (Naßkühlturm) erforderlich machen. Damit soll ein erhöhter Sauerstoffverbrauch des Gewässers begrenzt werden.

Die Kreislaufkühlung eines mit Naßkühlturm betriebenen 1 300-MW-Kernkraftwerkes erfordert zur Deckung der

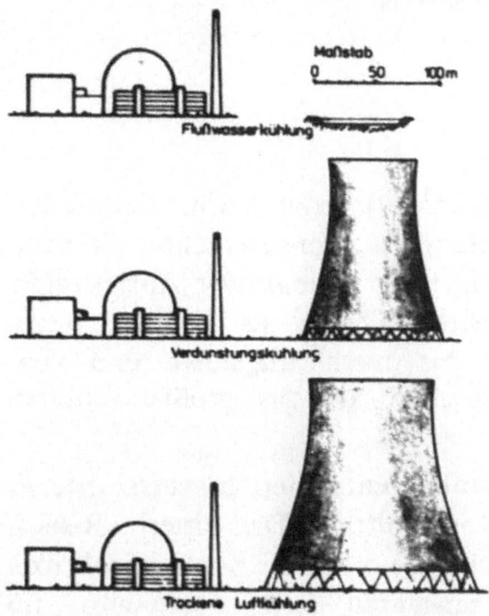

Bild 6.2. Abmessungsvergleich verschiedener Kühlsysteme eines Kernkraftwerks (1 360 MW).

Verdunstungs- und Abschlämmwassermengen eine Zusatzwassermenge von ca. 1,8 m^3/s. Etwa 60 % dieser Menge werden im Jahresdurchschnitt als Abschlämmwasser wieder in den Fluß eingeleitet, die restlichen 40 % verdunsten im Kühlturm.

Die Zuwachsrate der Elektrizitätserzeugung sollte ganz allgemein verlangsamt, die Abwärmenutzung z.B. durch Kraft-Wärme-Kopplung verstärkt werden. Das Auftreten von Wärmeverlusten ist das zentrale Problem der Umweltbelastung in den nächsten Jahrzehnten.

Die Summe der Umweltbeeinflussungen aus Kernkraftwerken ist weit weniger belastend als aus vergleichbaren Industriezweigen. Bei Anhäufung auf engem Raum und im Hinblick auf langfristige lokale und globale Belastungen sind für einige Spaltprodukte verbesserte Rückhaltetechniken zu entwickeln.

7. Nukleare Entsorgung

Die Entsorgung von Kernkraftwerken, d.h. die Wiederaufarbeitung der abgebrannten Brennelemente, die Konditionierung und Endlagerung radioaktiver Abfallstoffe, ist z.Z. das viel diskutierte Thema. Es wird von Kernkraftwerksgegnern als das noch ungelöste und vom Risikopotential her gesehen als das größte Problem angesehen.

Radioaktive Abfallprodukte entstehen in verschiedener Form als Folge der Kernspaltung. Das zitierte Risikopotential bezieht sich vor allem auf die hochradioaktiven Spaltprodukte und Transurane (z.B. Plutonium) im Brennelement, die bei ihrer Wiederaufarbeitung meist in flüssiger Form anfallen. Diese Abfälle müssen durch eine geeignete Endlagerung vom biologischen Lebensraum des Menschen für lange Zeiträume isoliert werden.

Es wird wegen der Freisetzung der Spaltprodukte im Wiederaufarbeitungsprozeß oftmals vorgeschlagen, auf diesen Prozeß zu verzichten und die abgebrannten Brennelemente gleich endzulagern. Dieser Verfahrensablauf ist wegen mangelnder Brennstoffausnutzung sowohl beim Uran- als auch beim Thorium-Brennstoffkreislauf nicht ökonomisch. Auch so kann eine Plutoniumnutzung nicht verhindert sondern nur eingeschränkt werden.

Häufig wird behauptet, daß die Entsorgung noch völlig ungelöst ist. Diese Behauptung trifft nicht zu. Eine Entsorgung der in Betrieb befindlichen Kernkraftwerke in der BR Deutschland findet schon heute statt. Neben den staatlichen Anlagen in Frankreich und Großbritannien, in die Brennelemente deutscher Kernkraftwerke zur Wiederaufarbeitung transportiert werden, gibt es in der BR Deutschland ein Konzept für die Behandlung und Endlagerung der hochaktiven langlebigen Abfälle.

Bis vor wenigen Jahren bestand für die deutschen Elektrizitätsversorgungsunternehmen keine Veranlassung zur Sorge über die Brennelement-Wiederaufarbeitung ihrer Kraftwerke, weil Privatverträge mit den staatlich finanzierten Anlagen in England, Windscale (BNFL), und Frankreich, La Hague (CEA), bestanden. Durch Störungen und zu langsamen Ausbau der Anlagen hat sich die zunächst vorhandene Überkapazität zu einem Engpaß gewandelt. Daher wird ab Mitte der 80er Jahre eine privatwirtschaftlich geführte deutsche Wiederaufarbeitungsanlage notwendig. Die Genehmigung für diese Anlage erfolgt selbstverständlich nach dem deutschen Atomgesetz (§ 7) und der Strahlenschutzverordnung. Die Endlagerung untersteht entsprechend der Festlegung im Atomgesetz (§ 9b ATG) der staatlichen Kontrolle.

Das gesamte nukleare Entsorgungskonzept sieht drei Verfahrensschritte vor:

1. Zwischenlagerung der abgebrannten Brennelemente in Wasserbecken im Kraftwerk,
2. Wiederaufbereitung der Brennelemente in der Wiederaufarbeitungsanlage,
3. Endlagerung des radioaktiven Abfalls.

Im folgenden sollen die Verfahrensschritte erläutert und die Sicherheitsaspekte dargestellt werden.

7.1. Zwischenlagerbecken der abgebrannten Brennelemente

Nach etwa einjährigem Leistungsbetrieb des Reaktors werden die Brennelemente in der sogenannten Brennelementwechselperiode geprüft, die Elemente in den

Corepositionen gewechselt und etwa ein Drittel der abgebrannten Brennelemente ausgewechselt. Dieses Drittel wird in ein Wasserbecken neben dem Reaktordruckgefäß gebracht und dort zwischengelagert. Die Nachzerfallswärme wird durch ein getrenntes Kühlsystem abgeführt. Nach 100 bis 200 Tagen Abklingzeit ist die Nachzerfallswärmeproduktion und die Strahlenbelastung so weit abgeklungen, daß ein Abtransport in speziellen Behältern (Bild 7.1) zur Wiederaufarbeitungsanlage mit technisch vertretbarem Aufwand und der gebotenen Sicherheit möglich ist.

Das heute noch diskutierte System von vergrößerten Zwischenlagern im Kraftwerk oder als Eingang zur Wiederaufarbeitungsanlage könnte das Brennelement-Aufarbeitungssystem vereinfachen, denn bei einer Lagerung der Brennelemente von ca. 5 Jahren sinkt deren Radioaktivität auf ca. 10 % des Ausgangswertes. Eine Handhabung innerhalb der Anlage wäre einfacher.

7.2. Wiederaufarbeitungsanlage für abgebrannte Brennelemente

Im Wiederaufarbeitungsprozeß von Brennelementen werden vorerst das Strukturmaterial (Brennelementköpfe und Hüllen) und dann die Spaltprodukte von nicht ausgenutztem Brennstoff getrennt. Nach Auflösung der Brennelemente in Salpetersäure werden Uran und Plutonium durch Extraktion mit einem organischen Lösungsmittel abgetrennt. Die Brennstoffe können für neue Brennelemente nach einem Anreicherungsverfahren wieder genutzt werden. Durch das Recycling wird langfristig mit ca. 30 % Brennstoffersparnis gerechnet. Der anfallende hochradioaktive Abfall ist eine salpetersaure Lösung mit einer Aktivität von 10^4 Ci/Liter und einer durchschnittlichen Wärmeentwicklung von 10 ... 20 W/Liter. Man lagert und kühlt ihn einige Jahre

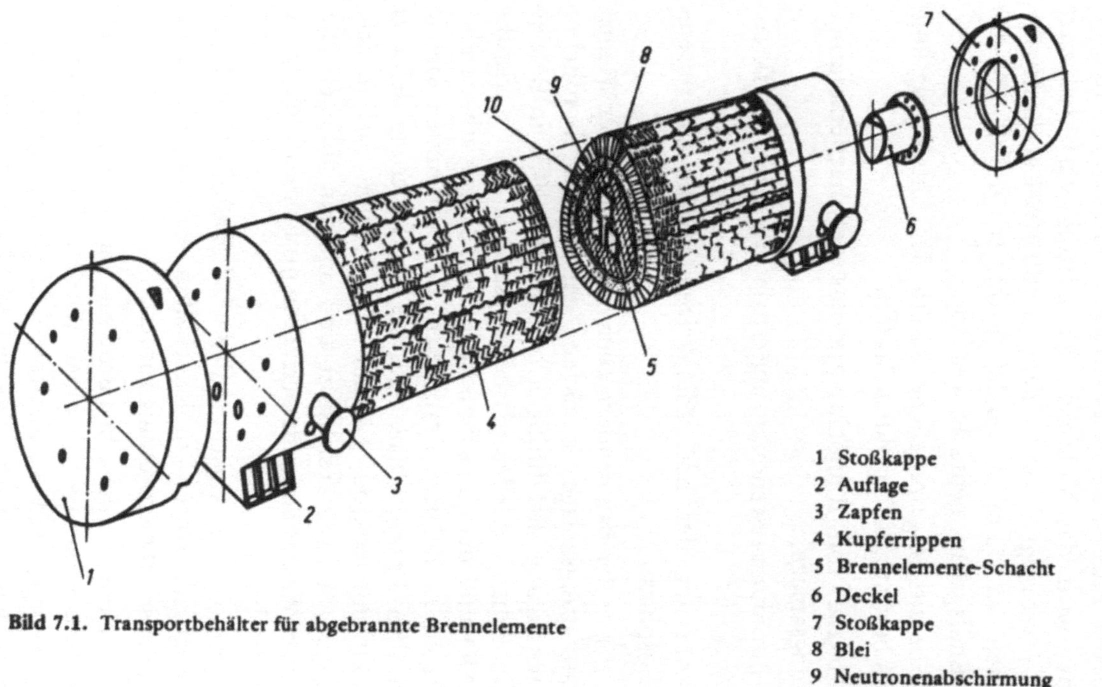

Bild 7.1. Transportbehälter für abgebrannte Brennelemente

in dieser wäßrigen Form. Kernstück der Behandlung ist die Überführung dieser für die Endlagerung ungeeigneten Flüssigkeit in ein festes und stabiles Produkt. Dabei wird das Volumen der Lösung stark reduziert und verfestigt. Aus einem 1 300-MW-Kernkraftwerk müssen ca. 3 m^3/a hochradioaktiver Abfall (Waste) zur Endlagerung gebracht werden.

Das bereits angesprochene Risiko des Entsorgungskonzepts beruht auf folgenden Fakten:

1. Abgabe von Radioaktivität aus der Wiederaufarbeitungsanlage,
2. Plutoniumverwendung außerhalb des Brennstoffkreislaufs und
3. Isolierung der hochradioaktiven Abfälle aus unserer Biosphäre.

Nicht nur der Bau sondern auch der Betrieb einer Wiederaufarbeitungsanlage bedürfen der landesbehördlichen Genehmigung. Erfahrungen bei der seit 1971 in Betrieb befindlichen Wiederaufarbeitungsanlage in Karlsruhe (WAK) und bei den schon bedeutend länger arbeitenden Anlagen in Belgien, Frankreich, Großbritannien und in den USA besagen, daß auch bei der Lagerung defekter Brennelemente Jod, Cäsium und Tritium nur in sehr geringen Mengen freigesetzt und mit den üblichen chemischen Wasserreinigungsverfahren problemlos beherrscht werden.

Das radioaktive Abgas bei der Wiederaufarbeitung könnte ebenfalls soweit zurückgehalten werden, wie es die Strahlenschutzverordnung fordert.

Vergleichende Sicherheitsstudien haben ergeben, daß das Gefahrenpotential einer Wiederaufarbeitungsanlage demjenigen eines Kernkraftwerkes gleichgesetzt werden kann. Dies bedeutet, daß bei Wiederaufarbeitungsanlagen keine grundsätzlich andere Sicherheitskonzeption als bei Kernkraftwerken angewandt zu werden braucht, um das theoretische Gefahrenpotential auf ein vergleichbar niedriges Restrisiko herabzudrücken.

Die Bemühungen, nicht nur die Wiederaufarbeitungsanlage sondern auch den gesamten Entsorgungskomplex sicherer zu machen, gehen unvermindert weiter. So wird z.B. angestrebt, die Wiederaufarbeitungsanlage unmittelbar neben der Endlagerstätte zu errichten.

Bis zur Errichtungsgenehmigung für eine deutsche Wiederaufarbeitungsanlage mit anschließender Endlagerstätte für hochaktiven Abfall haben die technisch und wissenschaftlich Verantwortlichen noch ausreichend Zeit, die Bürger und die aus ihren Kreisen gebildeten Initiativen wahrheitsgemäß und umfassend über die neuesten technologischen Erkenntnisse sowie über die dann noch verbleibenden Risiken zu informieren. Die Ansicht, daß kein Konzept für das Uran- und Plutonium-Recycling besteht, rührt daher, daß für das Vorhaben zwei Technologien zur Auswahl stehen und auch die Wiederaufarbeitungsanlage so flexibel gestaltet werden soll, um sich dem Fortschritt der Reaktortechnik anpassen zu können.

Die Bürger haben ein Recht zu erfahren, welcher Grad an Sicherheit heute technisch gewährleistet werden kann und welche Sicherheitsvorkehrungen bei einem Unfall zu treffen sind. Ohne umfassende Information sind dem Bürger keine zusätzlichen Risiken – und seien sie noch so gering – zuzumuten. Dann und nur dann werden die Bürger in die Lage versetzt, das Risiko oder besser das Restrisiko der Kernkraftwerke und des gesamten Brennstoffkreislaufes einschließlich der Endlagerung des radioaktiven Abfalls ebenso wie alle anderen Risiken, mit denen wir leben oder leben müssen, einzustufen.

Das in letzter Zeit viel diskutierte Risiko liegt nicht in der Wiederaufarbeitungsanlage selbst sondern in der

Plutoniumverwendung außerhalb des Brennstoffkreislaufs. Die Verhinderung einer Plutonium-Entwendung und des Plutonium-Mißbrauchs sind die eigentlichen Probleme. In diese Richtung geht auch die Vorstellung des amerikanischen Präsidenten Carter, nach einem anderen Brennstoffzyklus zu suchen, der kein Plutonium als Spaltprodukt ergibt. Der Thoriumzyklus scheint als Lösung dieses Problems geeignet zu sein.

Das gewinnbare Plutonium ist für Gleichgewichtskerne je nach Reaktortyp unterschiedlich hoch. Nach neueren amerikanischen Ermittlungen (NEA-IAEA) ergeben sich bei einer durchschnittlichen Ausnutzung der Kernkraftwerksanlage von 70 % nachstehende Pu-Mengen pro MW und Jahr

beim Leichtwasserreaktor	~ 250 g
Gasgekühlten Natururanreaktor	600 g
AGR (Th/U = 5/1)	180 g
HTR (U-Pu-Zyklus)	500 g
THTR (Th/U = 10/1) geschätzt	90 g
und beim Schwerwasserreaktor mit	
Natururan	500 g
angereichertem Uran	257 g

Bei dem weiteren internationalen Ausbau der Kernenergienutzung zur Stromerzeugung wird sich die Risikofrage im wesentlichen auf die Beherrschung der Plutonium-Flußkontrolle des Spaltstoffinventars sowohl im Kernkraftwerk als auch in der Wiederaufarbeitungsanlage konzentrieren.

7.3. Endlagerung des radioaktiven Abfalls

Die Endlagerung des radioaktiven Abfalls muß die Aktivitäten von unserem Biozyklus für sehr lange Zeiträume ohne menschliche Überwachung und Wartung isolieren.

Die Einlagerung der Abfälle zur Endlagerung kann auf zweierlei Weise erfolgen, in Salzkavernen und in stillgelegten Bergwerken. Der grundlegende Unterschied zwischen beiden Lagerungsstätten ist, daß die Kaverne im Gegensatz zum Bergwerk ein einziger großer, nicht begehbarer Raum ist. Bei der Einlagerung in eine Kaverne brauchen die Behälter nicht einzeln gehandhabt zu werden, dafür können sie aber auch nicht definiert gelagert und zurückgewonnen werden. Kavernen können Hohlraumvolumen von 100 000 m^3 und mehr haben, so daß sie auch einem hohen Anfall an radioaktiven Abfällen gewachsen sind. In einem einzigen Salzstock können mehrere Kavernen angelegt werden. Allein in Norddeutschland gibt es ca. 200 Salzstöcke, das sind pilzartige oder sattelförmige Salzmassen mit einer Ausdehnung bis zu einigen Kilometern. Nach der Befüllung einer Kaverne wird das Bohrloch zubetoniert, so daß ein sicherer Abschluß zur Umwelt gewährleistet ist.

Die Art der Einlagerung in einem Bergwerk richtet sich nach der Aktivität der Abfälle. Schwachaktive Abfälle brauchen lediglich gestapelt zu werden, wie dies in den Lagerhallen am Standort geschieht. Mittelaktive Abfälle werden in Abschirmbehältern durch den Schacht nach untertage bis zu einer sogenannten Entladekammer befördert. Von dort werden die Abfallfässer ohne Abschirmung einzeln in die darunterliegende Lagerkammer abgesenkt. Bild 7.2 zeigt die Einlagerung mittelaktiver Abfälle im Salzbergwerk Asse II bei Wolfenbüttel. Bild 7.3 gibt einen vereinfachten geologischen Schnitt durch das Salzbergwerk Asse wieder.

Durchschnittlich produziert ein Kernkraftwerksblock neben den bereits genannten hochradioaktiven Abfällen 300 ... 450 m^3 pro Jahr an mittleren endzulagernden flüssigen Aktivitäten (10^{-1} ... 10^{-3} Ci/m^3) sowie die

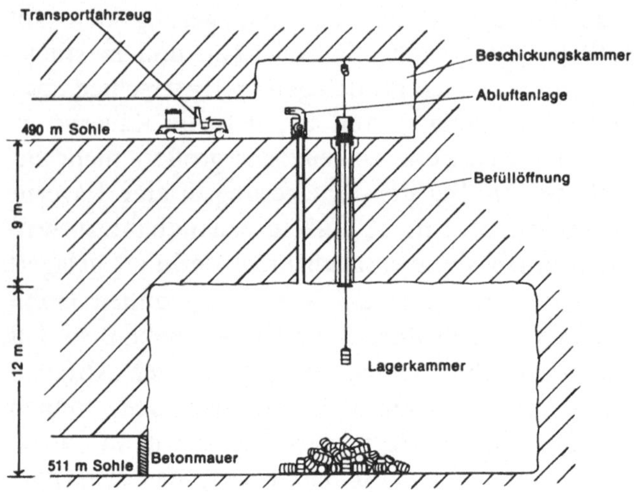

Bild 7.2. Einlagerung mittelaktiver Abfälle

gleiche Menge an festem und 1 000 ... 3 000 m³ pro Jahr an flüssigem, schwach aktivem ($< 10^{-1}$ Ci/m³) Abfall.

In der Wiederaufarbeitungsanlage Karlsruhe (WAK) wurden bereits mehr als 2 800 m³ verarbeitet und je nach Aktivität in Bitumen und Beton gegossen. Die Abfälle stammten aus einem Leichtwasserreaktor und aus dem natriumgekühlten Versuchsreaktor KNK, der eine Vorstufe des Schnellen Brüters darstellt. Die Behandlung der Abfallstoffe verlief bisher problemlos. Die angewandten Dekontaminationsverfahren sowie die anschließende Endlagerung der Abfälle im Salzbergwerk Asse haben bis heute nie Anlaß zur Sorge oder Demonstration gegeben.

In der BR Deutschland werden z.Z. drei Verfestigungsverfahren für die hochaktiven Lösungen entwickelt, die unter den ansprechenden Bezeichnungen:

VERA (Karlsruhe)
FIPS (Jülich) und
PAMELA (Gelsenberg AG/Eurochemie) laufen.

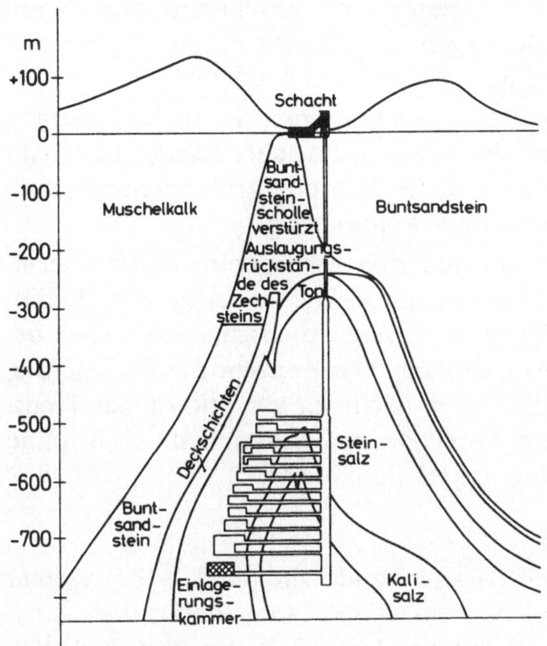

Bild 7.3. Geologischer Schnitt durch das Salzbergwerk Asse

Ziel ist der Bau einer Abfallverfestigungsanlage für die 1 500-jato-Kernbrennstoff-Wiederaufarbeitungsanlage (KEWA). Zwischenziel ist eine Pilotanlage, die bei der WAK eingesetzt werden soll. Die Verfestigungsprodukte bieten auch beim unwahrscheinlichen Versagen der geologischen Barriere eine wirksame Sicherung. Den Schwerpunkt der Entwicklung bilden Borosilicatgläser.

Für den in der BR Deutschland geplanten Entsorgungspark ist die behälterlose Endlagerung schwach- und mittelaktiver Abfälle in Salzkavernen vorgesehen, während die verfestigten hochaktiven Abfälle in einem eigens dafür konzipierten und errichteten begehbaren Bergwerk zur Endlagerung gelangen sollen. Vorgesehen ist ein größerer Salzstock im Land Niedersachsen.

Obwohl es eine Reihe von Optionen für die Endlagerung gibt, haben sich die Arbeiten fast aller Länder innerhalb der letzten Jahre auf die Nutzung geologischer Formationen für diesen Zweck konzentriert.

Das Risiko der geschilderten Endlagerung besteht darin, daß über das Transportmittel Wasser starke Abfallradioaktivität langfristig in unseren menschlichen Lebensbereich zurückgelangen kann. Das Konzept der Endlagerung im Steinsalz sieht drei Barrieren vor, die diesen Transport verhindern, und deren Wirksamkeit auch ohne menschliche Eingriffe erhalten bleibt.

1. Verfestigung

Der ursprünglich flüssige Abfall wird verglast. Die extrem geringe Löslichkeit von Gläsern sorgt dafür, daß durch Wasser nur 1/10 000 bis 1/100 000 der ursprünglichen Aktivität ausgelaugt werden kann.

2. Lagertiefe

Die Einlagerung der Abfall-Glasblöcke in ca. 1 000 m Tiefe eines Salzstocks verlangsamt und erschwert ein Einspülen von Radioaktivität durch das Grundwasser an die Oberfläche.

3. Salzformationen

Die Steinsalzformationen befinden sich nicht in einer für Wasser zugänglichen Boden- oder Gesteinsschicht. Die Salzmassen wirken für die Glasblöcke wie Gefäße und verhindern entweder überhaupt den Zutritt von Wasser oder einen Austausch. Die Unveränderlichkeit der Salzformationen wird auf 100 Mio. Jahre geschätzt.

Diese Zahl zeigt Größenordnungen auf, die beim Abklingen der verglasten Radioaktivitäten auf die Radioaktivität des Uranerzes in der Erdoberfläche bezogen nicht erreicht werden. In einem Zeitraum von ca. 10 000 Jahren ist die Radiotoxizität des Abfalls aus Leichtwasserreaktor-Kernkraftwerken ohne Plutonium-Recycling auf die von Pechblende mit sehr hohem Urangehalt abgeklungen.

Diese Risikoanalyse der Endlagerung zeigt, daß die angewandte Technik große Sicherheitsbarrieren vorsieht, und daß das zu tragende Risiko aus menschlicher Sicht zwar sehr klein ist aber sich auf sehr große, in geologischer Sicht jedoch auf unbedeutende Zeiträume erstreckt.

7.4. Deutsche Wiederaufarbeitungsanlage

Seitens der deutschen Elektrizitätswirtschaft sind die z.Z. möglichen Maßnahmen zur Verwirklichung einer deutschen Wiederaufarbeitungsanlage getroffen. An der Planung einer solchen Anlage beteiligen sich mehrere gegenwärtige und zukünftige Kernkraftwerksbetreiber in einer Projektgesellschaft (PWK), die Ende Februar 1977 in die Trägergesellschaft des Entsorgungszentrums (DWK) umgewandelt worden ist. Die DWK hat bereits nach § 7 des Atomgesetzes eine Baugenehmigung für den Standort Gorleben in Niedersachsen beantragt.

Die niedersächsische Landesregierung ist grundsätzlich bereit, die Errichtung des Entsorgungszentrums im Lande Niedersachsen zuzulassen, vorausgesetzt, daß alle Sicherheitsrisiken für Leben und Gesundheit der Bevölkerung – soweit nach menschlichem Ermessen möglich – ausgeschaltet werden.

Die voraussichtlichen Kosten für die Errichtung des Entsorgungszentrums mit einer Wiederaufarbeitungskapazität von 1 500 t Uran pro Jahr werden zu 5 Mrd. DM angegeben. In diesen Kosten ist das Lagerbecken für eine Brennelement-Jahresproduktion der deutschen

Kernkraftwerke enthalten. Auf die bis Ende der 80er Jahre währende Bauzeit bezogen, errechnet sich eine Investition von ca. 10 Mrd. DM.

Genauere Kostenangaben werden aber erst verfügbar sein, wenn das Projekt Anfang 1980 zur Entscheidungsreife ausgearbeitet sein wird. Nach den überschlägigen Berechnungen ist zu erwarten, daß die mit der deutschen Entsorgung verbundenen Gesamtkosten die nukleare Stromerzeugung in der BR Deutschland am Ende der 80er Jahre mit ca. 0,7 Pf/kWh belasten werden. Diese Kosten kommen zu den heutigen Wiederaufarbeitungskosten, die nach Bild 3.4 (Abschnitt 3.2.4) im Jahr 1976 12 % der Brennstoffkreislaufkosten ausmachten.

Wegen des zu erwartenden starken Preisanstiegs für fossile Primärenergieträger bleibt der Kernenergiestrom trotz dieser Steigerung in den Brennstoffkreislaufkosten auch weiterhin konkurrenzfähig.

8. Nichtverbreitungsvertrag (Kernwaffensperrvertrag)

Der am 1. Juli 1968 gleichzeitig in London, Moskau und Washington unterzeichnete Vertrag über die Nichtverbreitung von Kernwaffen (NV-Vertrag) ist am 5. März 1970 in Kraft getreten. Der Vertrag gehört in die Reihe der auf sowjetischer und amerikanischer Initiative beruhenden multilateralen Abkommen, mit denen teils in sachlicher, teils in räumlicher Hinsicht die Anwendung oder auch die Entwicklung und Erprobung von Kernenergie für militärische Zwecke ausgeschlossen werden soll.

Im Mai 1976 genehmigte das japanische Parlament die Ratifizierung des Kernwaffensperrvertrages, womit Japan zur hundertsten Vertragspartei geworden ist. Die Ratifizierung durch Japan und die im Mai 1975 erfolgte Ratifizierung durch die Mitglieder des Gemeinsamen Marktes (bzw. von EURATOM) bedeuten, daß alle großen Industriestaaten, die keine Kernwaffenstaaten sind, dem Vertrag beigetreten sind und sich verpflichtet haben, ihre Nuklearindustrie der Sicherheitskontrolle durch die Internationale Atomenergie-Organisation (IAEO) in Wien zu unterstellen.

Frankreich weigert sich nach wie vor, dem Kernwaffensperrvertrag beizutreten; die Regierung in Paris hat jedoch wiederholt erklärt, daß sie sich zu dem Ziel der Nichtverbreitung von Kernwaffen bekenne.

Die Schlußerklärung der im Mai 1975 stattgefundenen Genfer Revisionskonferenz zum NV-Vertrag bekräftigt das Recht aller Staaten auf ungehinderte und von Diskriminierung freie Forschung und Kernenergienutzung, mit der auch die Entwicklung neuer Techniken (z.B. Kernfusion und Mikroexplosionen) offen bleiben soll, soweit sie nicht der Herstellung von Kernwaffen dient. Erneuert wird damit auch der Anspruch aller Partner des Sperrvertrages auf Teilhabe an den für friedliche Zwecke nutzbar zu machenden Ergebnissen der militärischen Nukleartechnik, welche die über Kernwaffen verfügenden Staaten den anderen Vertragspartnern als Ausgleich für deren Verzicht auf eigene Kernwaffen zugestanden haben.

Um zu verhindern, daß im Handel sowie bei der technischen und wissenschaftlichen Zusammenarbeit zwischen Vertragsparteien und Außenseitern unterschiedliche Praktiken angewendet werden, die einerseits zu Wettbewerbsverzerrungen führen und andererseits die Gefahren der Ausbreitung vergrößern, indem sie Außenseiter zum Bau von Kernwaffen befähigen, sollen alle Lieferanten und Bezieher von Spaltmaterial, nuklearer Ausrüstung und Know-how sich einheitlichen Bedingungen unterstellen. Die Lieferanten sollen nur an solche Länder liefern, die sich verpflichten, kein Material zur Herstellung nuklearer Sprengkörper abzuzweigen, und die sich der Kontrolle der Wiener Behörde unterstellen. Damit werden auch die Bedingungen umrissen, unter denen z.B. die BR Deutschland das Brasilien-Geschäft (Uran gegen Kernkraftwerke) abschließen mußte. Die brasilianische Regierung ihrerseits hat die Kontrollen durch die Wiener Behörde akzeptiert, ohne den NV-Vertrag selbst zu unterzeichnen. Die scharfe amerikanische Kritik an diesem Exportauftrag der KWU entzündet sich nicht an der Lieferung von Kernkraftwerken des Typs Biblis sondern vielmehr an der schlüsselfertigen Lieferung des gesamten Brennstoffkreislaufes einschließlich der Anreicherungs- und Wiederaufarbeitungsanlage.

Mit der nach Brasilien zu liefernden Anreicherungstechnologie (Zentrifugenverfahren s. Abschnitt 2.2.5) kann z.B. nur eine 15 %ige ^{235}U-Anreicherung erzielt werden. Damit konzentrieren sich alle Angriffe gegen den Exportvertrag auf die Lieferung der Wiederaufarbeitungsanlage und die damit verbundene Zugriffsmöglichkeit auf erbrütetes Plutonium in Leichtwasserreaktoren.

Die Auseinandersetzungen zwischen Washington und Paris über die Absicht Frankreichs, Uran- und Plutonium-Aufarbeitungsanlagen an Pakistan zu liefern, ähneln denen, die sich zwischen der BR Deutschland und den USA abspielen.

In beiden Fällen wird seitens der USA befürchtet, daß durch den Export nuklearer Anlagen einer Weiterverbreitung von Kernwaffen Vorschub geleistet wird. Bekanntlich hat Indien vor einigen Jahren mit den von den USA gelieferten Anlagen Kernwaffen hergestellt und diese auch getestet.

Der jüngste Disput über dieses Thema erscheint in einem anderen Licht, wenn man weiß, daß bereits heute nahezu 10 Länder über eigene Anreicherungsanlagen für Uran verfügen. Weit mehr als 10 Staaten sind technisch in der Lage, abgebrannte Kernbrennstoffe aufzuarbeiten und den Kernwaffensprengstoff Plutonium zu gewinnen. Bisher müssen sämtliche Versuche der Industrienationen, Entwicklungsländer von bestimmten Nukleartechnologien auszuschließen, als gescheitert angesehen werden.

Und noch eins: Es gibt auch noch andere Wege, in den Besitz von Spaltmaterial für Kernwaffen zu kommen.

9. Zukünftige Technologien

Die Lage auf dem Energiemarkt spricht dafür, die Kernenergie nach Abwägen sämtlicher Risiken als zusätzlichen Primärenergieträger einzusetzen. Lokalpolitische Einwände gegen diesen Einsatz müssen nicht nur beachtet sondern auch geprüft werden. Falls sich Alternativlösungen anbieten, sollen sie genutzt werden (Standortfragen).

Für den Fall des Einsatzes von Kernenergie in Kraftwerken weist auch die deutsche Industrie für den Bau nuklearer Anlagen noch genügend Kapazitätsreserve auf. Vorläufig werden Leichtwasserreaktoren den nuklearen Markt beherrschen. Die Druckwasserreaktoren haben zurzeit eine gewisse Vorzugsstellung sowohl in der BR Deutschland als auch in den USA, sie werden diese Vorzugsstellung mit großer Wahrscheinlichkeit noch ausbauen. Zeitverfügbarkeiten von 85 % sind keine Illusion mehr. Es könnte durchaus bei den Jahresrevisionen nicht mehr der Brennelementwechsel sondern die Turbinenrevision die bestimmende Zeitgröße sein.

Die Umweltbelastung durch Kernkraftwerke ist gering, die Sicherheit der Anlagen hat sich erwiesen. Die neuen Reaktorkonzepte wie Hochtemperaturreaktoren und Schnelle Brutreaktoren werden Mitte der 80er Jahre ihre kommerzielle Reife erlangen und die Leichtwasserreaktortechnologie ergänzen.

Eine Prognose für das Jahr 2000 fällt schwer. Der Stromverbrauch wird – orientiert an dem Bruttosozialprodukt – mehr oder weniger steigen, da Elektrizität u.a. auch eine bequeme Energie ist und zur Erhaltung und Steigerung der Lebensqualität beiträgt. Es sprechen wichtige Gründe dafür, daß die Kernenergie einen großen Teil des Mehrbedarfs an Primärenergie decken muß, ob es uns recht ist oder nicht.

Denn:

1. Ein vermehrter Einsatz von Öl und Erdgas ist wegen der hier bestehenden großen Abhängigkeit von ausländischen Lieferungen aus wirtschaftspolitischen Gründen nicht zu befürworten.
2. Die Braunkohle wird als heimische Rohenergie zwar weiterhin einen festen Beitrag zur Versorgung unseres Landes leisten, der Aufschluß einiger neuer Braunkohletagebaue dient aber letztlich nur der Schaffung von Ersatzkapazitäten für die im nächsten Jahrzehnt auslaufenden Tagebaue.
3. Auch die heimische Steinkohle kann den Mehrbedarf an Primärenergie nicht in dem erforderlichen Umfang decken. Zudem kommt sie langfristig gesehen für die Grundlaststromerzeugung aus Kostengründen nicht mehr in Betracht.

Was bleibt also, wenn wir unseren Energiehunger nicht nur für unsere Generation sondern auch für kommende Generationen stillen wollen? Vielleicht liegt die Lösung dieser Frage in der Energieerzeugung durch Verschmelzung leichter Atomkerne, vielleicht stellt die aufgrund von Kernspaltung erzeugte Energie nur eine Übergangsphase bis zum Einsatz von Fusionsreaktoren dar. Immerhin ist im Jahr 2000 die konventionelle Dampfkraftwerktechnologie erst 100 Jahre, die Technologie der Leichtwasserreaktoren ein wenig mehr als 30 Jahre alt.

9.1. Kernverschmelzung (Fusionsreaktoren)

Die Kernfusion könnte eine Möglichkeit zur langfristigen Energieversorgung für die Zeit nach dem Jahre 2000 bieten, wenn es gelingt, die komplizierten physikalischen, aber auch technischen Probleme des stabilen Einschlusses heißer, dichter Plasmen, des Energietransfers und der Werkstoffe zu lösen. Neben der Erschliessung großer Brennstoffvorräte aus Wasser (Deuterium, Tritium) und Lithium würden Fusionsreaktoren die Aussicht bieten, das radioaktive Inventar der Reaktoranlagen erheblich zu verringern. Allerdings werden durch den hohen Neutronenfluß die Strukturmaterialien des Reaktors in starkem Maße aktiviert und große Mengen von radioaktivem Tritium erzeugt. Auf jeden Fall werden auch bei Fusionsreaktoren wichtige, zum Teil neuartige Sicherheits- und Umweltschutzprobleme sowie Abfallprobleme zu lösen sein. Das Abwärmeproblem ließe sich voraussichtlich infolge der direkten Stromerzeugung leichter bewältigen.

Die Forschungsarbeiten zur kontrollierten Kernfusion, wie sie seit etwa 15 Jahren in der BR Deutschland und in anderen hochindustrialisierten Ländern durchgeführt werden, konzentrieren sich auf die Einschließung heißer, dichter Plasmen auf hinreichend lange Zeit. Bisher ist es noch nicht gelungen, alle hierfür erforderlichen Bedingungen gleichzeitig zu erfüllen. Daher wird auch in den nächsten Jahren der Schwerpunkt der Arbeiten zur kontrollierten Kernfusion in der Fortführung großer Plasma-Einschließungsexperimente und im Studium der zugrunde liegenden Plasmavorgänge liegen müssen.

9.1.1. Tokamak und JET

Von den verschiedenen Richtungen, die auf dem Weg zum Fusionsreaktor in der Forschung bisher beschritten wurden, haben sich in den letzten Jahren insbesondere zwei als erfolgversprechend herausgestellt: das Tokamak-Prinzip und die sogenannte Laser-Fusion. Aufgrund sehr ermutigender Ergebnisse wird heute das Tokamak-Prinzip favorisiert. Gegenwärtig wird in der EG ein großer Tokamak, der Joint European Torus (JET), als Gemeinschaftsprojekt konzipiert. Trotzdem ist es unerläßlich, diese Linie durch alternative Konzepte zu unterstützen und abzusichern. Die gewachsene physikalische Kenntnis über das Hochtemperaturplasma läßt hoffen, einen Fusionsreaktor über JET in drei weiteren Stufen erreichen zu können. Nach dem jetzigen Stand der Entwicklung ist mit der Errichtung eines Fusions-Versuchsreaktors frühestens 1990 zu rechnen.

Der Elementarvorgang eines Fusionsprozesses ist verhältnismäßig einfach und physikalisch seit langem bekannt. Bei der Kernverschmelzung handelt es sich im Unterschied zur Kernspaltung um die Synthese eines schwereren Kerns aus zwei leichteren. Dazu müssen diese wegen ihrer gleichartigen elektrischen Ladung gegen die abstoßende Coulomb-Kraft einander so nahe gebracht werden, daß die kurzreichenden anziehenden Kernkräfte zur Wirkung kommen und sich ein neuer Kern bildet.

Wie der Massendefekt zeigt, kommen nur die leichtesten Atomkerne für einen exothermen Fusionsprozeß in Betracht. Insbesondere sind dies die Isotope des Wasserstoffs Deuterium (D) und Tritium (T).

Der D-T-Prozeß ist hinsichtlich der Größe des Wirkungsquerschnittes und damit auch der Wahrscheinlichkeit eines Fusionsprozesses bei sonst gleichen Umständen deutlich vorteilhaft gegenüber dem D-D-Prozeß. Es erscheint heute sehr zweifelhaft, ob eine D-D-Reaktion für praktische Zwecke überhaupt in Frage kommt.

Während Deuterium in gewaltigen Mengen im natürlichen Wasser vorhanden ist, muß das radioaktive Tritium künstlich gewonnen werden. Dazu bieten sich Brutreaktionen in Lithium durch Neutronenbeschuß an. Natürliches Lithium (Li) besteht zu 92,6 % aus ^{7}Li und zu 7,4 % aus ^{6}Li.

Ein erfolgversprechender Weg zum Fusionreaktor nutzt den Einfluß eines Magnetfeldes auf geladene Teilchen aus. Bei der gewählten Anordnung wird mit Hilfe stationär betriebener Spulen in einem Torus ein achsenparalleles starkes Magnetfeld erzeugt (Bild 9.1).

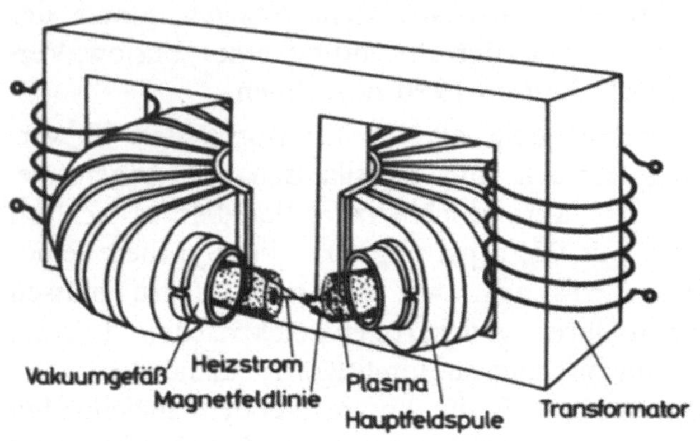

Bild 9.1. Tokamak

Bringt man in dieses Magnetfeld ein heißes Plasma, so findet man infolge des inhomogenen Magnetfeldes sehr rasch eine Drift des Plasmas gegen die äußere Wand. Verhindern kann man diese Driftbewegung nur mit Hilfe eines zweiten Magnetfeldes. Beim Tokamak wird dieses Feld durch einen im Plasma selbst fließenden Strom erzeugt. Um auf die angepeilten Temperaturen zwischen 50 und 100 Mio °C zu kommen, ist neben einer Heizung durch Einstrahlung von Hochfrequenzenergie der Einschuß energiereicher neutraler Wasserstoffteilchen in das Plasma möglich.

Nach dem in Bild 9.2 wiedergegebenen Funktionsschema eines Fusionsreaktors wird die im Kern des Reaktors freigesetzte Energie vorwiegend durch die Neutronen und durch Strahlung nach außen abgegeben und im Lithium des Blankets absorbiert. Die im Lithium deponierte Wärme wird über einen Wärmeaustauscher einem konventionellen Kraftwerk zugeführt. Das im Lithium erbrütete Tritium wird abgetrennt und zusammen mit dem Deuterium dem Reaktionsvolumen wieder als Brennstoff zugeführt.

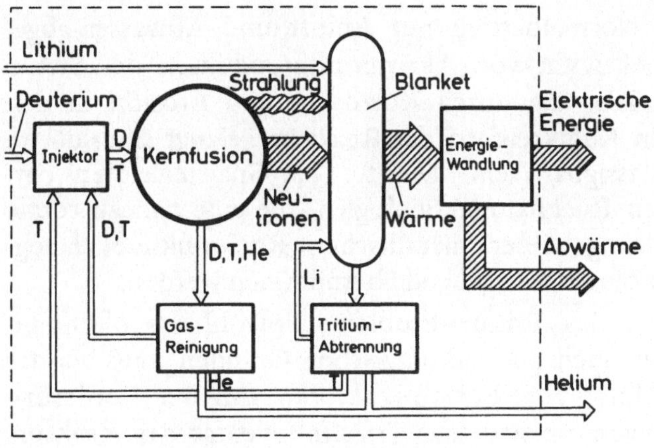

Bild 9.2. Funktionsschema eines Fusionsreaktors

Ein wesentlicher Vorteil der Fusionsreaktoren gegenüber den Spaltreaktoren ist der Wegfall des äußeren Brennstoffkreislaufes mit der Wiederaufarbeitung abgebrannter Kernbrennstoffe, die Spaltprodukte und Transurane hoher Aktivität und Radiotoxizität enthalten. Da bei Fusionsreaktoren die Rückgewinnung von Tritium Bestandteil des Reaktorsystems ist, reduziert sich das Entsorgungs- und Abfallproblem ausschließlich auf Tritium und die aktivierten Strukturmaterialien.

Die im Material der ersten Wand induzierte Radioaktivität wird im ungünstigsten Fall, je nach Art des Kesselwandmaterials, vermutlich vergleichbar mit der Spaltproduktaktivität in einem Leichtwasserreaktor sein. Die Radiotoxität und Lebensdauer der meisten im Strukturmaterial induzierten Radionuklide ist jedoch kleiner als die der Spaltprodukte. Das potentielle Gefährdungspotential durch die Aktivität des Strukturmaterials in einem Fusionsreaktor dürfte daher insgesamt mindestens 1 bis 2 Größenordnungen niedriger anzusetzen sein als das Gefährdungspotential der Spaltprodukte in einem Spaltreaktor gleicher Leistung.

Die im Normalbetrieb mit Abluft und Abwasser abgeleitete Aktivität von Aktivierungsprodukten des Strukturmaterials, die durch Korrosion und Erosion in den primären Kühlkreislauf des Reaktors gelangt sind, dürfte vernachlässigbar sein. Die für die Spaltreaktoren entwickelten Rückhaltetechnologien, die eine nahezu totale Rückhaltung dieser metallischen Radionuklide ermöglichen, können weitgehend übernommen werden.

Es bleibt das Tritium-Problem: Sowohl aus ökonomischen als auch aus radiologischen Gründen muß bei der Entwicklung von Fusionsreaktoren von der Forderung ausgegangen werden, das Tritium-Inventar des Reaktors auf ein Mindestmaß zu beschränken.

9.2. Sonnenenergie (Solartechnik)

Die Relation von Energiereserven zum laufenden Energieverbrauch ließ uns zu Beginn dieses Buches befürchten, daß selbst die Annahme eines auf z.B. 3 % pro Jahr reduzierten Anstiegs des Energieverbrauchs (gegenüber 4...5 % in der Vergangenheit) bereits in der ersten Hälfte des kommenden Jahrhunderts zu einer Erschöpfung der gesamten heute als gewinnbar angesehenen fossilen Energiereserven der Welt führt.

Wissenschaft und Technik sind aufgerufen, neue Wege zu finden, um das Wachstum des Energieverbrauchs zu optimieren und die vorhandenen Energievorkommen zu erschließen. Eine besondere Bedeutung kommt hierbei der Erschließung oder dem verstärkten Einsatz der bisher nicht oder nur im geringen Umfang genutzten regenerativen oder quasi unerschöpflichen Energiepotentiale zu. Das Interesse an diesen Energieträgern ist aber auch deshalb in der jüngsten Zeit so stark gestiegen, weil diese Energiequellen evt. dazu beitragen können, die Umweltbelastung des steigenden Energieeinsatzes zu reduzieren und die Energieversorgung der an traditionellen Energieträgern armen Länder zu verbessern.

Im Vordergrund des Interesses der Entwicklung solcher Energieträger stehen die direkte und die indirekte Nutzung der Sonnenenergie. Die heute verstärkten Bemühungen um die Sonnenenergie richten sich auf neue Formen der Nutzung dieser quasi unerschöpflichen Energiequelle. Hierbei kann nur zum geringeren Teil an vorhandene Techniken angeknüpft werden, zum weitaus größeren Teil sind erst Aggregate zu entwickeln, die es ermöglichen, die Sonnenenergie unter wirtschaftlichen Bedingungen zur Deckung des Energiebedarfs heranzuziehen.

Der Strahlungsstrom, der die Sonne verläßt, beträgt an ihrer Oberfläche rd. 43 000 kW/m^2. Den äußeren Rand der Erdatmosphäre erreicht zwar nur eine durchschnittliche Strahlungsintensität von 1,39 kW/m^2, doch entspricht dies immerhin rd. 1,5 t SKE/m^2 und Jahr oder rd. 190 000 Mrd. t SKE pro Jahr insgesamt. Dieser Energiefluß übersteigt damit den gegenwärtigen jährlichen Primärenergieverbrauch der Welt um das 24 000-fache.

Lediglich 47 % der an der Grenze der Erdatmosphäre einfallenden Sonnenenergie erreicht die Erdoberfläche und wird von den Land- und Wasserflächen der Erde absorbiert. Der größere Teil wird durch die Atmosphäre oder die Erdoberfläche zurückgestreut oder reflektiert (34 %) bzw. in der Atmosphäre absorbiert (19 %).

Das riesige Energiepotential der Sonne steht allerdings regional in unterschiedlichem Maße zur Verfügung. Die einfallende Sonnenstrahlung nimmt stark mit dem Breitengrad ab, sie ist teilweise wegen der Bewölkung diffus und fällt wegen des Tag-Nacht-Wechsels nicht kontinuierlich an. Von den 1 390 W/m^2, die die äußere Erdatmosphäre im Mittel erreichen, ergeben sich z.B. im Durchschnitt unter den optimalen Bedingungen der östlichen Sahara rd. 290 W/m^2, in Berlin nur 114 W/m^2. Die Sonnenenergie hat nicht nur eine geringe Energiedichte, ihre Verfügbarkeit in Mitteleuropa ist überdies starken Schwankungen unterworfen. Für ihre unmittelbare Nutzung ergeben sich hieraus erhebliche Erschwernisse.

Die unmittelbare Nutzung der Sonnenenergie konnte sich nur in solchen Gebieten und für solche Anwendungen behaupten, wo sich die industrialisierte Produktionsweise nicht durchsetzte und daher die geringe Energiedichte der laufenden Sonneneinstrahlung, ihre ungesicherte Verfügbarkeit und ihr diskontinuierlicher Anfall wegen des Tag-Nacht-Wechsels sowie die jahreszeitliche Schwankung ihrer Intensität keine so entscheidende Rolle spielen. Mit einigen einfachen technischen Verbesserungen konnte die unmittelbare Sonnenenergienutzung erst in der jüngsten Zeit neue Anwendungen erobern, so vor allem in der Warmwasserbereitung und Gebäudeheizung in sonnenreichen Gebieten der Erde (südliche USA und UdSSR, Mittelostländer, Japan, Australien, u.a.).

Warmwasserbereitung mittels geeigneter Dachkollektoren ist das am weitesten entwickelte System zur unmittelbaren Sonnenenergienutzung. Mittels Kollektoren wird die Sonnenenergie gesammelt und an ein aufzuheizendes Medium übertragen.

Andere Systeme bündeln die einfallende Strahlung mittels parabolischer Spiegel oder Linsen auf einen Punkt oder auf ein Rohr.

Weitere Forschungsanstrengungen konzentrieren sich außer auf die Entwicklung geeigneter Kollektoren auf die Entwicklung von Wärmespeichern, die den entscheidenden Nachteil des diskontinuierlichen Anfalls der Sonnenenergie überwinden sollen. Diese Wärmespeicher – im einfachsten Fall isolierte Wasserbehälter, ferner Salzgemische oder bestimmte Metalle – sollen Überschußwärme aufnehmen und bei Bedarf abgeben.

Die direkte Nutzung der Sonnenenergie zur Stromerzeugung bildet den zweiten Forschungsschwerpunkt der direkten Sonnenenergienutzung. Die Forschungen befassen sich hier sowohl mit der Umwandlung der Sonnenenergie in Wärmekraftmaschinen als auch mit dem sogenannten Photovoltaeffekt.

Kleine Versuchsanlagen, die Sonnenwärme in Elektrizität umwandeln, arbeiten bereits seit Jahren, weitere sollen demnächst errichtet werden. Die Arbeitsgemeinschaft für Großforschungseinrichtungen hat jüngst einen zukunftsträchtigen Solarkollektor vorgeführt. Bei dieser Anlage („Solarfarm“) wird das von einer Pumpe in das Verdampferrohr des Kollektors gedrückte Wasser durch Sonnenenergie erhitzt. Der 200 ... 250 °C heiße Wasserdampf treibt einen Dampfmotor. Über einen Generator wird elektrischer Strom erzeugt. Bisher muß mit Wirkungsgraden von 3 ... 5 % gerechnet werden.

Die direkte Umwandlung der Sonnenstrahlung über Photozellen in elektrische Energie hat ihre Bewährungsprobe als Energielieferant für Satelliten bereits bestanden. Die bisher am meisten zum Einsatz gelangenden Solarzellen werden aus Siliciumkristallen hergestellt und erreichen einen Wirkungsgrad von 10 ... 15 %. Andere Zellen aus Cadmiumsulfid und Galliumarsenid werden z.Z. getestet.

Eine großtechnische Nutzung dürfte angesichts der hohen Kosten auf absehbare Zeit nicht erfolgen, dagegen scheint die Stromversorgung weit abgelegener kleiner Verbraucher, wie Wetterstationen, Bojen, Blinklichter u.a., ein sehr lohnendes Objekt der technischen Forschung und Entwicklung zu sein. Unter den in Mitteleuropa vorliegenden Bedingungen dürften auch nach diesem System arbeitende Großkraftwerke schon an dem immensen Platzbedarf solcher Anlagen scheitern. Für ein Sonnenkraftwerk auf Solarzellenbasis, das der Leistung eines modernen Kernkraftwerks entspricht (2 × 1 250 MW) würden bei einer Sonneneinstrahlung von rd. 100 W/m² (mitteleuropäische Verhältnisse) und einem Wirkungsgrad von 10 % etwa 250 km² benötigt. Angesichts der in sonnenreichen Gebieten der Erde etwa 3 mal so hohen Sonneneinstrahlung reduziert sich der Platzbedarf an solchen Standorten allerdings entsprechend. Klimatische und vegetative Veränderungen durch Beschattung des Erdbodens sind bei diesem großen Flächenbedarf für Solarzellen nicht auszuschließen.

Die technische Idee, ein großes Sonnenenergiekraftwerk auf Solarzellenbasis in einer Satellitenbahn außerhalb der Erdatmosphäre zu errichten und die Energie mittels Mikrowellen auf die Erde zu transportieren, eilt ihrer Zeit weit voraus.

Ein ebenfalls bereits entwickeltes Gerät zur Sonnenenergienutzung stellt der Sonnenofen dar, bei dem mittels Spiegel oder Linsen Sonnenlicht auf einen Punkt hochkonzentriert wird, in dem Temperaturen bis über 3 500 °C erzielt werden. Die bekannteste Anlage steht in den französischen Pyrenäen, sie dient jedoch ausschließlich Forschungszwecken. Eine ähnliche Anlage ist in der UdSSR geplant. Als eine Abart der Sonnenöfen können vielfach in sonnenreichen Entwicklungsländern vorhandene Sonnenkocher gelten, kleine Geräte zur Speisebereitung, deren Einführung jedoch z.B. in Indien offenbar erhebliche Probleme mit sich gebracht hat.

Die *Windenergie* entsteht als Teil umgewandelter Sonnenenergie durch die ungleichmäßige Aufheizung der Erdatmosphäre. Obwohl der Einsatz von Windrädern und Windmühlen, die zu den ältesten Energieaggregaten zählen, seit Anfang dieses Jahrhunderts sehr stark zurückgegangen ist, ist die Diskussion um eine Renaissance der Windenergie nie verstummt. Außer einfachen, durch Wind angetriebenen Schöpfrädern und Mühlen wurden auch mit einer Reihe kleinerer Windkraftwerke gute Erfahrungen gesammelt. Eine stärkere Nutzung des Windes, insbesondere in kleinen Anlagen, wird vor allem in den USA zur Stromversorgung entlegener Verbraucher erwogen.

In der BR Deutschland wird das Projekt eines Windrotors zur Gewinnung von Elektrizität gefördert (Winson GmbH). Die Anlage soll aus einem 100 Meter hohen Mast bestehen, an dessen Spitze sich ein zweiflügeliges Rotorblatt im Winde dreht und über einen Generator drei Megawatt elektrische Leistung erzeugt. Jeweils hundert solcher Windtürme sollen zu einer Einheit zusammengefaßt werden. Bis zu dreihundert potentielle Standorte für solche Windkrafteinheiten sind denkbar – nämlich überall dort, wo durchschnittlich im Jahr mindestens Windstärke 4 herrscht: im wesentlichen an der Nord- und Ostseeküste, am Alpenrand und auf den deutschen Mittelgebirgen. Etwa 8 %, günstigstenfalls sogar 15 % des Energiebedarfs der BR Deutschland könnten nach vorliegenden theoretischen Vorstellungen gedeckt werden. (Vgl. Bremer Tagung 1977 „Energie vom Wind“ der Deutschen Gesellschaft für Sonnenenergie).

Zusammenfassend ergibt sich folgendes Bild: Hinsichtlich der direkten Sonnenenergienutzung dürfte in Zukunft vor allem der Deckung eines Teils des Wärme- und Kühlungsbedarfs der Haushalte in sonnenreichen Gebieten der Erde wirtschaftliche Bedeutung zukommen. Auch für die Deckung des Niedertemperaturbedarfs der Industrie könnte die Sonnenenergienutzung in diesen Regionen größere Anwendungsmöglichkeiten finden.

Die Stromerzeugung auf Sonnenenergiebasis ist auf absehbare Zeit unwirtschaftlich, von den Sonderbedingungen eines Einsatzes in entfernten Regionen bei kleinem Bedarf und für spezielle Anwendungsbereiche, wie die Stromversorgung von Satelliten und Raumfahrzeugen, abgesehen.

Stark steigende Brennstoffpreise und erhebliche Kostensenkungen der Nutzungssysteme könnten in Europa den Beitrag der Sonnenenergie zur Deckung des Energiebedarfs in etwa 10 Jahren über 2 ... 3 % des Gesamtverbrauchs hinaus erhöhen, wobei Warmwasserbereitung und Zusatzheizung die wichtigste Rolle spielen werden.

9.3. Geothermische Energie (Erdwärme)

Geothermische Energie kann – in einer weiten Definition – als die natürliche Wärme der Erde bezeichnet werden, die mit wachsender Tiefe zunimmt. In Europa liegt im Mittel ein Temperaturanstieg um 1 °C pro 30 m Teufe vor.

Die Nutzung geothermischer Energie konzentriert sich auf Gebiete, in denen besonders günstige Bedingungen vorliegen, das Magma nahe an die Erdoberfläche tritt und zu einer anomalen Erwärmung des Gesteins oder des im Gestein eingeschlossenen Wassers führt. Sofern solche aufgeheizten Wasserreservoire einen natürlichen Zugang zur Erdoberfläche besitzen, werden Dampf-

oder Wasserdampfgemische in Geysiren oder heißen Quellen ausgetragen. Diese Vorkommen finden sich in Gebieten junger geologischer Aktivität (Vulkanismus, Gebirgsbildung), wie rund um den Pazifik, auf den Inseln im Mittelatlantik, in Ostafrika oder auch in Italien.

Am meisten fortgeschritten ist die Nutzung trockener Dampfvorkommen zur Stromerzeugung. Hierzu zählen Lardarello, Italien (365 MW), The Geysers, USA (55 MW) und Matsukawa, Japan (30 MW). Die Technologie ist bekannt, eine hohe Verfügbarkeit durch über 70-jährigen Betrieb (Lardarello) nachgewiesen.

Naßdampfquellen werden in Wairaki, Neuseeland (160 MW), Cerro Prieto, Mexiko (75 MW) sowie in geringerem Umfang in Island zur Stromerzeugung genutzt. Daneben werden in den USA, vor allem aber in Island, Gebäudeheizung und die Warmwasserversorgung von Gewächshäusern betrieben.

Ein Einsatz von Heißwasserquellen für die Stromerzeugung wird erwogen, die technische Durchführbarkeit und die Wirtschaftlichkeit müssen jedoch erst noch nachgewiesen werden.

Die Nutzungsmöglichkeiten der geothermischen Energie in Form von Trockendampf- und Naßdampfsystemen, Heißwasserquellen sowie von heißen Gesteinsformationen können für absehbare Zukunft nur sehr vorsichtig eingeschätzt werden. Lediglich in einzelnen Regionen der Erde kann diese Energiequelle voraussichtlich einen – insgesamt nur äußerst bescheidenen – Beitrag zur Deckung des Energiebedarfs leisten.

9.4. Gezeitenenergie

Ebenso wie die Sonnenenergie regeneriert sich die Gezeitenenergie ständig. Die Gezeiten entstehen durch die periodischen, auf der Erde wirksam werdenden Schwankungen der Gravitationskräfte von Erde, Sonne, Mond und Planeten. Diese Kräfteverschiebungen äußern sich im Steigen und Fallen des Meeresspiegels (Tidenhub).

Bis heute ist lediglich an einer einzigen Stelle in der Welt ein Gezeitenkraftwerk errichtet worden. Es handelt sich um die Anlage in der Rance-Mündung bei St. Malo in Nordfrankreich, die seit 1966 in Betrieb ist. Bei einem mittleren Tidenhub von rd. 8,5 m sind 240 MW installiert. Eine Erweiterung der Anlage auf 320 MW wird erwogen. In dieser Anlage wird zusätzlich mittels Pumpspeicherung eine Optimierung angestrebt.

Die Nutzung der Gezeitenenergie an weiteren Standorten mit günstigen geographischen Verhältnissen wird z.Z. in der UdSSR (am Weißen Meer und am Ochotskischen Meer) und in Großbritannien (Severn) untersucht.

Die Errichtung von Gezeitenkraftwerken führt zu außerordentlichen hohen Baukosten, die Standortgebundenheit der Anlage erfordert regelmäßig hohe Fortleitungskosten. Da wie bei Wasserkraftwerken auch bei Gezeitenkraftwerken die variablen Kosten vernachlässigbar gering sind, kann sich jedoch bei stark steigenden Preisen für fossile und nukleare Energieträger sowie für Anreicherungsleistung die Wirtschaftlichkeit zugunsten der Gezeitenenergie verbessern. Auch bei optimistischer Einschätzung der zukünftigen Entwicklungsmöglichkeiten dürfte aber der Beitrag der Gezeitenenergie zur Deckung des Energiebedarfs vor allem in Europa sehr begrenzt bleiben.

Die Ausführungen über Sonnenenergie, geothermische Energie und Gezeitenenergie basieren auf Untersuchungen, die in Kapitel XI (H.K. Schneider und D. Schmitt) des Energiehandbuches (Herausgeber G. Bischoff und W. Gocht) ausführlich behandelt worden sind.

Kurzlexikon

Erläuterungen zum Text[1])

Abbrand	Maß für den verbrauchten Brennstoff der Brennstoffladung eines Kernreaktors. Abbrand bezeichnet den auf den anfänglichen Brennstoff-Gehalt bezogenen Prozentsatz an Brennstoff, der während des Reaktorbetriebes verbrannt worden ist.
Abgereichertes Uran	Uran mit einem geringeren Prozentsatz an ^{235}U als die im natürlichen Uran vorkommenden 0,71 %. Es fällt bei der Uranisotopentrennung an.
Abklingbecken	Mit Wasser gefüllter Behälter, in dem bestrahlte → Kernbrennstoffe so lange lagern, bis ihre → Aktivität auf einen gewünschten Wert abgenommen hat.
Abschirmung	Schutzeinrichtung um radioaktive Quellen bzw. kerntechnische Anlagen, um deren Strahlung nach außen den Erfordernissen entsprechend zu verringern.
Actiniden	Sondergruppe der dem Actinium folgenden Elemente.
Aktivität	Eine Größe, die die Anzahl der je Sekunde zerfallenden Atomkerne angibt. Die Maßeinheit für die Aktivität ist die reziproke Sekunde (s^{-1})
Alphateilchen	Es besteht aus zwei → Neutronen und zwei → Protonen, ist also mit dem Kern eines Heliumatoms identisch.
Anreicherungsfaktor	Verhältnis der relativen Häufigkeit eines bestimmten → Isotops in einem Isotopengemisch zur relativen Häufigkeit dieses Isotops in einem Isotopengemisch natürlicher Zusammensetzung.
Anreicherungsgrad	→ Anreicherungsfaktor minus 1.
Atomgesetz	Gesetz über die friedliche Verwendung der Kernenergie und den Schutz gegen ihre Gefahren (Atomgesetz) vom 23. Dez. 1959.

---

1) Ein ausführlicheres Nachschlagewerk bietet das Buch von W. Koelzer: Kernenergie, Gesellschaft für Kernforschung, Karlsruhe 1973

Atomgewicht	Relativzahl für die Masse eines Atoms. Die Grundlage der Atomgewichtsskala ist das Kohlenstoffatom, dessen Kern aus 6 Protonen und 6 Neutronen besteht.
Barn	Einheit zur Angabe von → Wirkungsquerschnitten von Teilchen.
Benutzungsstunden	Die Benutzungsstunden (Benutzungsdauer) sind gleich dem Bruch: $\frac{\text{Gesamtarbeit in einer Zeitspanne}}{\text{Höchstlast in dieser Zeitspanne}}$
Betateilchen	Ein → Elektron positiver oder negativer Ladung, das von einem Atomkern oder Elementarteilchen beim radioaktiven Zerfall ausgesandt wird.
Bindungsenergie	Die erforderliche Energie, um aneinander gebundene Teilchen (unendlich weit) zu trennen. Im Falle eines Atomkerns sind diese Teilchen → Protonen und → Neutronen, die infolge der Kernbindungsenergie zusammengehalten werden.
Blanket	→ Brutmantel
Body Counter	→ Ganzkörperzähler
Brüten	Umwandlung von nichtspaltbarem in spaltbares Material. → Brutstoff
Brutfaktor	→ Brutverhältnis
Brutgewinn	Überschuß der in einem Reaktor gewonnenen Spaltstoffmenge über die verbrauchte, bezogen auf die verbrauchte Menge. Brutgewinn = Brutverhältnis – 1.
Brutmantel	Eine Schicht aus → Brutstoff rings um den Spaltstoff in einem Reaktor.
Brutprozeß	Der Vorgang zur Umwandlung von nichtspaltbarem Material in spaltbares Material. → Brutstoff
Brutstoff	Nichtspaltbarer Stoff, aus dem durch Neutronenabsorption und nachfolgende Kernumwandlungen spaltbares Material entsteht.
Brutverhältnis	Das Verhältnis von gewonnenem → Spaltstoff zu verbrauchtem Spaltstoff.
Brutzone	Reaktorzone außerhalb oder innerhalb der Spaltzone, die → Brutstoffe zum Zwecke des Brütens enthält.
Ci	Einheitenkurzzeichen für → Curie.
Coated Particles	Beschichtete Partikel
Containment	→ Sicherheitsbehälter eines Reaktors.
Core	Spaltzone eines Kernreaktors.

Curie	Einheit der → Aktivität eines → Radionuklids. Die Aktivität von 1 Curie (Ci) liegt vor, wenn von einem Radionuklid $3{,}7 \cdot 10^{10}$ (37 Milliarden) Atome je Sekunde zerfallen.
Dekontamination	Beseitigung oder Verringerung einer radioaktiven Kontamination mittels chemischer oder physikalischer Verfahren,
Deuterium	Wasserstoffisotop, dessen Kern ein → Neutron und ein → Proton enthält und infolgedessen etwa doppelt so schwer ist wie der Kern des normalen Wasserstoffs, der nur ein Proton enthält.
Deuteron	Kern des → Deuteriums. Er besteht aus einem → Proton und einem → Neutron.
Dosis	Die Strahlungsenergie, die bei der Wechselwirkung einer Strahlung mit Materie an diese abgegeben wird.
Dosisleistung	Quotient aus der → Dosis und der Zeit.
Druckbehälter	Dickwandiger Stahlbehälter, der bei einem Kraftwerksreaktor die Spaltzone umschließt.
Druckschale	→ Sicherheitsbehälter
Elektron	Elementarteilchen mit einer negativen elektrischen → Elementarladung und einer → Ruhemasse von $9{,}1091 \cdot 10^{-31}$ kg (entspr. einer Ruheenergie von 511,007 keV). Das ist 1/1836 der Protonenmasse.
Elektronenvolt	In der Atom- und Kernphysik gebräuchliche Einheit der Energie. Ein Elektronenvolt ist die von einem → Elektron oder sonstigen einfachgeladenen Teilchen gewonnene kinetische Energie beim Durchlaufen einer Spannungsdifferenz von 1 Volt.
Elementarladung	Kleinste elektrische Ladungseinheit ($1{,}6021 \cdot 10^{-19}$ Coulomb).
Endlagerung	Endgültige Lagerstätte für radioaktive Abfälle („Atommüll").
Energiedosis	Gesamte absorbierte Strahlungsenergie in der Masseneinheit. Die Einheit der Energiedosis ist Joule durch Kilogramm (J/kg).
Engpaßleistung	Die Engpaßleistung eines Kraftwerks ist die durch den leistungsschwächsten Anlagenteil begrenzte, höchste ausfahrbare Leistung.
Exkursion	Schneller Leistungsanstieg eines Reaktors aufgrund einer großen Überkritikalität.
fail safe	folgeschadensicher

Fallout	Radioaktives Material, das nach einer Kernexplosion auf die Erde zurückfällt.
Filmdosimeter	Meßgerät zur Bestimmung der → Dosis. Die Schwärzung eines photographischen Films durch Strahleneinwirkung ist das Maß für die empfangene Dosis.
Frischwasserkühlung	Kühlung des Turbinenkondensators eines Kraftwerkes mit nicht im Kreislauf geführtem Flußwasser.
Füllhalterdosimeter	Meßgerät in Stabform (Stabdosimeter) zur Bestimmung der → Dosis.
Fusion	Bildung eines schwereren Kernes aus leichteren Kernen.
Gammastrahlung	Hochenergetische, kurzwellige elektromagnetische Strahlung, die von einem Atomkern ausgestrahlt wird.
Ganzkörperzähler	Gerät zur Aktivitätsmessung und Identifizierung inkorporierter → Radionuklide bei Menschen und Tieren. Das Gerät arbeitet mit höchstempfindlichen → Szintillationszählern.
Gaszentrifugenverfahren	Verfahren zur → Isotopentrennung, bei dem schwere Atome von den leichten durch Zentrifugalkräfte abgetrennt werden.
GAU	Größter anzunehmender Unfall. Der schwerste Störfall in einer kerntechnischen Anlage, für den gemäß Übereinkunft bei der Auslegung der Anlage Maßnahmen getroffen werden müssen, die die Beherrschung des Störfalls und seiner Folgen sicherstellen.
Geiger-Müller-Zähler	Strahlungsnachweis- und Meßgerät. Es besteht aus einer gasgefüllten Röhre, in der eine elektrische Entladung abläuft, wenn ionisierende Strahlung sie durchdringt.
Geigerzähler	→ Geiger-Müller-Zähler
Halbwertszeit	Die Zeit, in der die Hälfte der Kerne eines → Radionuklids zerfällt.
Halbwertszeit, biologische	Die Zeit, in der ein biologisches System auf natürlichem Wege die Hälfte der aufgenommenen Menge eines bestimmten Stoffes wieder ausscheidet.
Heiße Zelle	Stark abgeschirmtes, dichtes Gehäuse, in dem radioaktive Stoffe hoher → Aktivität mit Hilfe von Manipulatoren fernbedient gehandhabt und

	dabei durch Bleiglas-Fenster beobachtet werden können, so daß für das Personal keine Gefahr besteht.
ICRP	International Commission on Radiological Protection.
Inkorporation	Aufnahme radioaktiver Substanzen in den menschlichen Körper.
in-pile	Ausdruck zur Kennzeichnung von Experimenten oder Geräten innerhalb eines Reaktors.
Ion	Elektrisch geladenes atomares oder molekulares Teilchen, das aus einem neutralen Atom oder Molekül durch Abspaltung oder Anlagerung von Elektronen oder durch elektrolytische Dissoziation von Molekülen in Lösungen entstehen kann.
Ionendosis	Die Einheit der Ionendosis ist Coulomb durch Kilogramm (C/kg).
Ionisation	Aufnahme oder Abgabe von → Elektronen durch Atome oder Moleküle, die dadurch in → Ionen umgewandelt werden.
Ionisationskammer	Gerät zum Nachweis ionisierender Strahlung durch Messung des elektrischen Stroms, der entsteht, wenn Strahlung das Gas in der Kammer ionisiert und damit elektrisch leitend macht.
Isotope	Atome derselben → Kernladungszahl, jedoch unterschiedlicher → Nukleonenzahl.
Isotopenanreicherung	Prozeß, durch den die relative Häufigkeit eines → Isotops in einem Element vergrößert wird.
Isotopentrennung	Verfahren zur Abtrennung einzelner → Isotope aus Isotopengemischen.
jato	Jahrestonne, z. B. 1 jato = 1 t in einem Jahr.
Kalorie	Einheit der Energie, Kurzzeichen: cal. 1 cal = = 4,1868 Joule; 1 J = 1 Ws
Kaverne	Die Einlagerung radioaktiver Abfälle in Salzformationen ist außer in einem Bergwerk (→ Endlagerung) auch in einer Kaverne möglich.
Kelvin (K)	Basiseinheit für die Basisgröße thermodynamische Temperatur.
Kernbrennstoff	Spaltbare → Nuklide (^{235}U, ^{239}Pu) enthaltendes Material, das zur Aufrechterhaltung der Kettenreaktion in einem Reaktor geeignet ist.
Kernladungszahl	Anzahl der Protonen in einem Atomkern.
Kritikalität	Der Zustand eines Kernreaktors, in dem eine sich selbsterhaltende Kettenreaktion abläuft.

Kritische Anordnung	Eine Anordnung mit genügend Spaltstoff und evtl. → Moderatormaterial zur Aufrechterhaltung einer Spaltungskettenreaktion bei niedriger Leistung.
Kritische Masse	Kleinste Spaltstoffmasse, die unter festgelegten Bedingungen eine sich selbsterhaltende Kettenreaktion in Gang setzt.
KWU	Kraftwerk Union AG, Mülheim/Ruhr
lb. (pound)	1 pound = 453,6 g
Leistung, spezifische	Maß für die Wärmeleistung pro Masseneinheit des Brennstoffs, die erzeugt und aus dem Reaktorkern abgeführt wird. (z.B. Biblis A: 34,7 kW/kg).
Leistungsfaktor	Kenngröße für die Nutzung eines Kraftwerks.
Letaldosis	→ Dosis ionisierender Strahlung, die ausreicht, den Tod herbeizuführen.
Loop	Geschlossener Rohrkreislauf, der Materialien und Einzelteile zur Prüfung unter verschiedenen Bedingungen aufnehmen kann.
Magnetische Flasche	Magnetfeldanordnung zum Einschluß eines Plasmas zu kontrollierten Fusionsversuchen.
Massendefekt	Massendefekt bezeichnet die Tatsache, daß die aus Protonen und Neutronen aufgebauten Atomkerne eine etwas kleinere Ruhemasse haben, als der Summe der Ruhemassen der Protonen und Neutronen entspricht. Die Massendifferenz entspricht der freigewordenen → Bindungsenergie.
Massenzahl	Masse eines Atoms in Kernmasseneinheiten. → Nukleonenzahl
Megawatt	Das Millionenfache der Leistungseinheit Watt (W), Kurzzeichen: MW (hier elektrische Leistung) 1 MW = 1 000 kW = 1 000 000 W.
MeV	Megaelektronenvolt, 1 000 000 eV. Energiemaß, → Elektronenvolt.
Mikrocurie	1 Mikrocurie (μCi) = 1/1 000 000 Ci. → Curie
Millicurie	1 Millicurie (mCi) = 1/1 000 Ci. → Curie
Millirem	1 Millirem (mrem) = 1/1 000 rem. → Rem
Moderator	Zur → Moderierung von → Neutronen geeignetes Material (z.B. H_2O „leichtes Wasser", D_2O „schweres Wasser", Graphit).
Moderierung	Vorgang, bei dem die kinetische Energie der → Neutronen durch Stöße ohne merkliche Absorptionsverluste vermindert wird.
Naßdampf	Gemisch aus Flüssigkeit und Dampf desselben Stoffes, wobei beide Sättigungstemperatur haben.

Naßkühlturm	Kühlturm zur Rückkühlung von Wasser, bei dem das zu kühlende Wasser mit der Kühlluft in direkten Kontakt kommt und durch Verdunstung und Erwärmung der Luft an diese Wärme abgibt.
Natururan	→ Uran in der Isotopenzusammensetzung, in der es in der Natur vorkommt.
Neutron	Ungeladenes Elementarteilchen mit einer Masse von $1{,}67482 \cdot 10^{-24}$ g und damit geringfügig größer als die Protonenmasse.
Neutron, langsames	Neutron, dessen kinetische Energie einen bestimmten Wert – häufig wird 10 eV gewählt – unterschreitet. → Neutronen, thermische
Neutron, schnelles	Neutron mit einer kinetischen Energie von mehr als 0,1 MeV.
Neutronen, prompte	Neutronen, die unmittelbar (innerhalb etwa 10^{-14} s) bei der Kernspaltung emittiert werden.
Neutronen, thermische	Neutronen im thermischen Gleichgewicht mit dem umgebenden Medium. Thermische Neutronen haben bei 293,6 K eine wahrscheinlichste Neutronengeschwindigkeit von 2 200 m/s, das entspricht einer Energie von 0,0253 eV.
Neutronen, verzögerte	Neutronen, die bei der Kernspaltung nicht unmittelbar, sondern als Folge einer radioaktiven Umwandlung von Spaltprodukten verspätet entstehen. Weniger als 1 % der bei der Spaltung auftretenden Neutronen sind verzögert.
Notkühlung	Kühlsystem eines Reaktors zur sicheren Abführung der Nachwärme bei Unterbrechung der Wärmeübertragung zwischen Reaktor und betrieblicher Wärmesenke (Dampfturbine).
Nukleonenzahl	Anzahl der → Protonen und → Neutronen (der Nukleonen) in einem Atomkern.
Nuklid	Ein Nuklid ist eine durch seine Protonenzahl, Neutronenzahl und seinen Energiezustand charakterisierte Atomart.
Ökologie	Wissenschaft von den Beziehungen der Organismen zu ihrer Umwelt.
Ökosystem	Räumliches Wirkungsgefüge aus Lebewesen und Umweltgegebenheiten, das zur Selbstregulierung befähigt ist. → Ökologie
Ordnungszahl	identisch mit → Kernladungszahl
Pellets	Gesinterte Brennstofftabletten (8–15 mm Durchmesser, 10–15 mm Länge), mit denen die Brennstoffhüllrohre gefüllt werden.

Phosphatglas-dosimeter	Meßgerät zur Dosisbestimmung. (Radiophotolumineszenzeffekt)
Pinch-Effekt	Der Effekt in kontrollierten → Fusionsversuchen, daß ein durch eine → Plasmasäule fließender elektrischer Strom das Plasma einschnürt, komprimiert und damit aufheizt.
Plasma	Insgesamt elektrisch neutrales Gasgemisch aus → Ionen, → Elektronen und neutralen Teilchen. Hochtemperatur-Wasserstoff-Plasmen dienen als Brennstoff in kontrollierten Fusionsversuchen.
Plutonium	Radioaktives, metallisches Element der Kernladungszahl 94. Sein wichtigstes Isotop ist das spaltbare ^{239}Pu, das durch Neutronenbestrahlung aus ^{238}U entsteht.
Primärenergie	Zu den Primärenergieträgern zählen feste Brennstoffe wie Stein- und Braunkohle, flüssige Brennstoffe wie Erdöl, gasförmige Brennstoffe wie Erdgas sowie Wasserkraft, Erdwärme und Kernenergie.
Primärkühlmittel	Kühlmittel, das zum Abführen der Wärme aus der Spaltzone eines Reaktors dient.
Proportionalzähler	Nachweisgerät für ionisierende Strahlen. Der Proportionalzähler ermöglicht eine Energiebestimmung der Strahlung.
Proton	Elementarteilchen mit einer positiven elektrischen → Elementarladung und einer Masse von $1{,}672\,52 \cdot 10^{-24}$ g.
Purex-Prozeß	Brennstoffwiederaufarbeitungsprozeß zur Trennung von → Uran und → Plutonium voneinander und von den Spaltprodukten.
Rad (rd)	Einheit der → Energiedosis (rad: radiation absorbed dose). 1 Rad = 1/100 J/kg
Radioaktivität, induzierte	Radioaktivität, die durch Bestrahlung, z.B. mit → Neutronen, erzeugt wird.
Radionuklid	Instabiles → Nuklid, das spontan ohne äußere Einwirkung unter Strahlung zerfällt. Über 1 200 natürliche und künstliche Radionuklide sind bekannt.
Radiotoxizität	Maß für die Gesundheitsschädlichkeit eines → Radionuklids.
Reaktivität	Maß für das Abweichen eines Reaktors vom kritischen Zustand. Ist die Reaktivität positiv, steigt die Reaktorleistung an. Bei negativer Reaktivität sinkt der Leistungspegel.

Reaktordruckbehälter	Druckbehälter, der den Reaktorkern (die Spaltzone) mit → Primärkühlmittel einschließt.
Reaktorgift	Substanzen mit großem Neutronenabsorptionsquerschnitt, die unerwünschterweise → Neutronen absorbieren.
Reaktorperiode	Die Zeit, in der die Neutronenflußdichte in einem Reaktor sich um den Faktor e = 2,718 ... ändert, wenn die Neutronenflußdichte exponentiell zu- oder abnimmt.
Reaktorsicherheitskommission	Die Reaktorsicherheitskommission (RSK) ist das wesentliche Beratungsorgan des BMI im Genehmigungsverfahren für Kernkraftwerke.
Recycling	Wiederverwendung des in bestrahltem Brennstoff enthaltenen Spaltstoffs, der durch chemische Wiederaufarbeitung gewonnen, erneut angereichert und dann zu neuen Brennelementen verarbeitet wird.
Redundanz	Informationstheoretische Bezeichnung für das Vorhandensein von an sich überflüssigen Elementen, die keine zusätzlichen Informationen liefern. In der Reaktortechnik wird z.B. die Neutronenflußdichte im Reaktor von drei voneinander unabhängigen Meßsystemen ermittelt und nur der Wert als richtig angesehen, der von mindestens zwei Systemen gleich angezeigt wird.
Reflektor	Materialschicht unmittelbar um die Spaltzone eines Kernreaktors.
Regelstab	Eine meist stab- oder plattenförmige Anordnung zur Regelung der → Reaktivitätsschwankungen eines Kernreaktors.
Rem	Einheit der → Äquivalentdosis (Rem: radiation equivalent man), Einheitenkurzzeichen: rem. Die Äquivalentdosis ist ein Maß für die Schädlichkeit einer Strahlung für den Menschen. 1 Rem ist gleich 1/100 J/kg.
Reprocessing	→ Wiederaufarbeitung von Kernbrennstoffen.
Ruhemasse	Die Masse eines Teilchens, das sich in Ruhe befindet. Nach der Relativitätstheorie ist die Masse geschwindigkeitsabhängig und nimmt mit wachsender Teilchengeschwindigkeit zu.
RWE	Rheinisch-Westfälische Elektrizitätswerke Essen.

Schild, biologischer Absorbermaterial rings um einen Reaktor oder eine radioaktive Quelle; dient zur Verringerung der Menge ionisierender Strahlung auf Werte, die für den Menschen ungefährlich sind. → Schild, thermischer

Schild, thermischer Abschirmung eines Reaktors zwischen Reflektor und biologischem → Schild; dient zur Herabsetzung der Strahlenschäden und der Bestrahlungserwärmung im Druckgefäß und im → biologischen Schild.

Schneller Brutreaktor Kernreaktor, dessen Kettenreaktion durch schnelle → Neutronen aufrechterhalten wird und der mehr spaltbares Material erzeugt als er verbraucht.

Schneller Reaktor Reaktor, in dem die Spaltungskettenreaktion hauptsächlich durch schnelle → Neutronen aufrechterhalten wird.

Schnellschluß Das möglichst schnelle Abschalten eines Kernreaktors durch schnelles Einfahren der Abschaltstäbe.

Schweres Wasser Deuteriumoxid, D_2O; Wasser, das an Stelle der leichten Wasserstoffatome → Deuteriumatome enthält.

Scram (scram, am.) → Schnellschluß.

Sekundärkühlkreis Kühlkreissystem, das Wärme aus dem primären Kühlkreis übernimmt und abführt.

Sicherheitsbehälter Gasdichte Umhüllung um einen Reaktor und Kreislauf- und Nebenanlagen, damit – auch nach einem Unfall – keine radioaktiven Stoffe unkontrolliert in die Atmosphäre und Umgebung entweichen können.

Spallation Vielfachzerlegung eines getroffenen Kerns.

Spaltausbeute Prozentualer Anteil eines → Nuklids an den bei der Kernspaltung auftretenden Spaltprodukten.

Spaltgas Bei der Kernspaltung entstehende gasförmige Spaltprodukte.

Spaltneutronen → Neutronen, die aus dem Spaltungsprozeß stammen und ihre ursprüngliche Energie beibehalten haben.

Spaltprodukte → Nuklide, die durch Spaltung oder den nachfolgenden radioaktiven Zerfall der durch Spaltung direkt entstandenen Nuklide entstehen.

Spaltstoff Jeder Stoff, der sich durch → Neutronen spalten läßt, wobei weitere Neutronen freiwerden.

Spaltung, spontane	Eigenschaft bestimmter sehr schwerer Atomkerne, ohne Anregung von außen zu spalten; meist überlagert durch andere Zerfallsarten.
Steinkohleneinheit (SKE)	Um Primärenergieträger vergleichen zu können, wurde als Einheit die Steinkohleneinheit (SKE) eingeführt. 1 kg SKE entspricht einem mit 7000 Kilokalorien festgelegten Heizwert. 1 kg Natururan entspricht 13 300 kg SKE oder 8 334 kg Erdöl oder 40 000 kWh.
Strahlenschutzrichtwerte	Ausgangspunkt aller Überlegungen über die als zulässig erachteten Strahlenbelastungen sind die dem Stand der Wissenschaft entsprechenden Empfehlungen der → ICRP.
Szintillationszähler	Nachweisgerät für ionisierende Strahlung durch Registrierung der Lichtblitze (Szintillationen), die durch die Strahlung in bestimmten Substanzen erzeugt werden.
Temperaturkoeffizient der Reaktivität	Beschreibt die → Reaktivitätsänderungen, die bei Änderung der Betriebstemperatur eines Reaktors eintreten.
Thermischer Brutreaktor	Brutreaktor, in dem die Spaltungskettenreaktion durch thermische → Neutronen aufrechterhalten wird. Thermische Brutreaktoren wandeln nichtspaltbares ^{232}Th in spaltbares ^{233}U um.
Thermonukleare Reaktion	Kernreaktion, bei der die beteiligten Teilchen die erforderliche Reaktionsenergie aus der thermischen Bewegung beziehen. (Kernfusionsreaktionen)
Thorium	Natürliches radioaktives Element mit der Kernladungszahl 90.
Tokamak (russ.; Tok = Strom)	Toroidale Anordnung für plasmaphysikalische Experimente zur Untersuchung → thermonuklearer Reaktionen.
Transuranelement	Chemisches Element im Periodensystem, dessen → Kernladungszahl größer als 92, der des → Urans, ist. Alle bekannten Transuranelemente sind radioaktiv und müssen künstlich hergestellt werden. Siehe Tabelle der 105 Elemente.
Trennanlage	Anlage zur → Isotopentrennung.
Trennarbeit	Die Trennarbeit – auch Urantrennarbeit (UTA) genannt – ist ein Maß für den zur Erzeugung von angereichertem → Uran zu leistenden Aufwand.
Trenndüsenverfahren	Durch die Expansion des Gasstrahls in einer gekrümmten Düse bewirken die Zentrifugalkräfte eine Trennung der leichten von der schweren Komponente.

Tritium Radioaktives → Isotop des Wasserstoffs mit zwei → Neutronen und einem → Proton im Kern.

Trockenkühlturm Kühlturm zur Rückkühlung von Wasser, bei dem kein direkter Kontakt zwischen dem zu kühlenden Wasser und dem Kühlmedium Luft besteht.

Überwachungsbereich Unmittelbar an einen Kontrollbereich angrenzende Bereiche, in denen infolge des Umgangs mit radioaktiven Stoffen die Möglichkeit besteht, daß Personen bei dauerndem Aufenthalt eine höhere → Dosis als 0,15 rem/a erhalten.

Uran Natürliches radioaktives Element der → Kernladungszahl 92. Die in der Natur vorkommenden Isotope sind das spaltbare ^{235}U (0,71 % des natürlichen Urans), das mit thermischen Neutronen nichtspaltbare ^{238}U (99,29 % des natürlichen Urans) und das ^{234}U, ein Folgeprodukt des radioaktiven Zerfalls des ^{238}U (0,0056 %).

WAK Wiederaufarbeitungsanlage Karlsruhe
Die WAK ist ausgelegt auf einen Durchsatz von 200 kg UO_2 pro Tag mit einer Anreicherung bis 3 % ^{235}U äquivalent bei einem → Abbrand bis 20 000 MWd/t.

Wiederaufarbeitung Chemische und metallurgische Bearbeitung abgebrannter Brennelemente zum Zwecke der Abtrennung der Spaltprodukte und Rückgewinnung des Kernbrennstoffs.

Wirkungsgrad Bei Kraftwerken das Verhältnis der geleisteten Nutzarbeit zu der gleichzeitig zugeführten Energie. Herkömmliche Wärmekraftwerke haben einen Wirkungsgrad von bis zu 40 %.

Wirkungsquerschnitt Maß für die Wahrscheinlichkeit des Auftretens einer Reaktion.
Einheit: das Barn (Einheitenzeichen: b),
1 Barn ist gleich 10^{-28} m^2.

Yellow cake Uranerzkonzentrat mit 70–80 % Uran.

Zircaloy Zirkonlegierung als Hüllwerkstoff für Brennstäbe.

Tabelle der 105 Elemente (Stand 1977)

Namen, Symbole und Kernladungszahlen

Actinium	Ac	89	
Aluminium	Al	13	
Americium	Am	95	•
Antimon (Stibium)	Sb	51	
Argon	Ar	18	
Arsen	As	33	
Astat	At	85	
Barium	Ba	56	
Berkelium	Bk	97	•
Beryllium	Be	4	
Blei (Plumbum)	Pb	82	
Bor	B	5	
Brom	Br	35	
Cadmium	Cd	48	
Cäsium	Cs	55	
Calcium	Ca	20	
Califormium	Cf	98	•
Cer	Ce	58	
Chlor	Cl	17	
Chrom	Cr	24	
Curium	Cm	96	•
Dysprosium	Dy	66	
Einsteinium	Es	99	•
Eisen (Ferrum)	Fe	26	
Erbium	Er	68	
Europium	Eu	63	
Fermium	Fm	100	•
Fluor	F	9	
Francium	Fr	87	
Gadolinium	Gd	64	
Gallium	Ga	31	
Germanium	Ge	32	
Gold (Aurum)	Au	79	
Hafnium	Hf	72	
(Hahnium)		105	•
Helium	He	2	

• durch Kernreaktionen erzeugte künstliche Elemente

Holmium	Ho	67	
Indium	In	49	
Iridium	Ir	77	
Jod	J	53	
Kalium	K	19	
Kobalt (Cobaltum)	Co	27	
Kohlenstoff (Carboneum)	C	6	
Krypton	Kr	36	
Kupfer (Cuprum)	Cu	29	
Kurchatovium	Ku	104	•
Lanthan	La	57	
Lawrencium	Lw	103	•
Lithium	Li	3	
Lutetium	Lu	71	
Magnesium	Mg	12	
Mangan	Mn	25	
Mendelevium	Md	101	•
Molybdän	Mo	42	
Natrium	Na	11	
Neodym	Nd	60	
Neon	Ne	10	
Neptunium	Np	93	•
Nickel (Niccolum)	Ni	28	
Niob	Nb	41	
Nobelium	No	102	•
Osmium	Os	76	
Palladium	Pd	46	
Phosphor	P	15	
Platin	Pt	78	
Plutonium	Pu	94	•
Polonium	Po	84	
Praseodym	Pr	59	
Promethium	Pm	61	
Protactinium	Pa	91	
Quecksilber (Hydrargyrum)	Hg	80	
Radium	Ra	88	
Radon	Rn	86	
Rhenium	Re	75	
Rhodium	Rh	45	
Rubidium	Rb	37	
Ruthenium	Ru	44	
Samarium	Sm	62	
Sauerstoff (Oxygenium)	O	8	
Scandium	Sc	21	
Schwefel	S	16	
Selen	Se	34	

Silber (Argentum)	Ag	47
Silicium	Si	14
Stickstoff (Nitrogenium)	N	7
Strontium	Sr	38
Tantal	Ta	73
Technetium	Tc	43
Tellur	Te	52
Terbium	Tb	65
Thallium	Tl	81
Thorium	Th	90
Thulium	Tm	69
Titan	Ti	22
Uran	U	92
Vanadin	V	23
Wasserstoff (Hydrogenium)	H	1
Wismut (Bismutum)	Bi	83
Wolfram	W	74
Xenon	Xe	54
Ytterbium	Yb	70
Yttrium	Y	39
Zink	Zn	30
Zinn (Stannum)	Sn	50
Zirkonium	Zr	40

Literatur

zu Kapitel 1

Bischoff, G. und *W. Gocht* (Hrsg.): Das Energiehandbuch 2. Aufl., Vieweg-Verlag, Braunschweig 1976

Bogensberger, H. u.a.: Die Bedeutung der Kernenergie für die Deckung des Weltenergiebedarfs. Gesellschaft für Kernforschung, (KFK 1995), Karlsruhe 1974

Euler, K.J. und *A. Scharmann* (Hrsg.): Wege zur Energieversorgung, Thiemig-Taschenbücher Band 60, München 1977

Mandel, H.: Energiepolitik und Aspekte der Versorgungssicherheit konventioneller und nuklearer Brennstoffe, Brennstoff-Wärme-Kraft **26**, 331 (1974).

Michaelis, H.: Europäische Rohstoffpolitik, Glückauf-Verlag, Essen 1976

Röglin, H.-Ch.: Sozialpsychologische Aspekte der Kernenergie, atomwirtschaft 22, 20, Düsseldorf 1977

Schieweck, E.: Weltenergie-Evolution, Glückauf-Verlag, Essen 1976

– Das Ende der Verschwendung (Dritter Bericht an den Club of Rome): Deutsche Verlagsanstalt, Stuttgart 1976

– Politische Ökologie (Sammlung): Verlag Association, Hamburg

– Zum richtigen Verständnis der Kernindustrie (Autorengruppe der Universität Bremen): Oberbaum Verlag, Berlin 1975

– Ringbuch der Energiewirtschaft: Verlags- und Wirtschaftsgesellschaft der Elektrizitätswerke VWEW, Frankfurt.

– Auswirkungen von Technik und Verhalten auf den Energieverbrauch: Auftragsstudie des Bundesministeriums für Forschung und Technologie (BMFT), Bonn 1977

zu Kapitel 2

Berliner, P.: Kühltürme, Grundlagen der Berechnung und Konstruktion, Springer Verlag, Berlin 1975

Höchel, J. u.a.: Der Brennstoffkreislauf, Hrsg. Deutsches Atomforum, Bonn 1972

Kliefoth, W. und *E. Sauter:* Kernreaktoren, Schriftenreihe des Deutschen Atomforums, Bonn 1973

Lindackers, K.-H. u.a.: Kernenergie – Nutzen und Risiko, Deutsche Verlagsanstalt, Stuttgart 1970

Mareske, A.: Aktuelle Probleme beim Bau und Betrieb von Kernkraftwerken, Energiewirtschaftliche Tagesfragen **24**, 482 (1974)

Margulowa, T. Ch.: Kernkraftwerke (Übersetzung aus dem Russischen), VEB Deutscher Verlag für Grundstoffindustrie, Leipzig 1976

Oldekop, W.: Einführung in die Kernreaktor- und Kernkraftwerkstechnik, Teil I und Teil II, Karl Thiemig, München 1975

Oldekop, W. u.a.: Druckwasserreaktoren für Kernkraftwerke, Karl Thiemig, München 1974

Rauch, H. und *M. Schneeberger:* Grundlagen des nuklearen Brennstoffkreislaufes, E und M, **94**, 70, Wien 1977

Schmidt, G.: Kernenergie – Fakten und Prognosen, Safari-Verlag, Berlin 1970

Schmidt, G.; Wahl, D.J.: Kernenergieerzeugung (Übersichten). Brennstoff-Wärme-Kraft, **26**, bis **29**, Nr. 4 (1974 bis 1977)

– Kernkraftwerke in der Bundesrepublik Deutschland: Informationsbroschüre des Deutschen Atomforums, Bonn 1974

– Kernprobleme: Uran, Plutonium, Aufarbeitung, atw-Broschüre Nr. 5 „Kernenergie und Umwelt", Hrsg. Handelsblatt, Düsseldorf 1975

zu Kapitel 3

Bohn, Th.: Kohlestrom bleibt teurer als Kernenergiestrom, VDI-Nachrichten, Nr. 4 vom 28.1.1977, Düsseldorf

Brosch, R. u.a.: Die Entwicklung der Brennstoffkreislaufkosten von Kernkraftwerken mit Leichtwasserreaktoren, Atom und Strom **22**, 116, Frankfurt 1976

Höchel, J. u.a.: s. Kap. 2

Lindackers, K.-H. u.a.: s. Kap. 2

Michaelis, H.: Kernenergie, Deutscher Taschenbuch Verlag, München 1977

Rauch, H. und *M. Schneeberger:* s. Kap. 2

Schmidt, G.: s. Kap. 2

zu Kapitel 4

Farmer, F.R. (Hrsg.): Nuclear Reactor Safety, Academic Press, New York 1977

Franzen, L.F.: Warum sind Kernkraftwerke sicher? Hrsg. Deutsches Atomforum, Bonn 1975

Franzen, L.F. und *W. Wienhold:* Vorkommnisse in kerntechnischen Anlagen: Hrsg. Inst. für Reaktorsicherheit, Köln 1976 (IRS-S-16)

Fuller, J.G.: Unfälle in Atomkraftwerken, Spiegel-Serie **31**, Nr. 4 ff., Hamburg 1977

– Der Rasmussen-Bericht WASH-1400 (NUREG 75/014) – Übersetzung der Kurzfassung: Hrsg. Institut für Reaktorsicherheit, Köln 1976 (IRS-S-13)

– Sicherheit kerntechnischer Einrichtungen und Strahlenschutz: Hrsg. Der Bundesminister des Innern, Bonn 1975

zu Kapitel 5

Lindackers, K.-H. u.a.: s. Kap. 2

– Gesellschaft für Reaktorsicherheit (Köln) (Hrsg.): Vergleichbarkeit der natürlichen Strahlenexposition mit der Strahlenexposition durch kerntechnische Anlagen. Stellungnahme der Strahlenschutzkommission vom 16.12.76.

zu Kapitel 6

Aurand, K.: Kernenergie und Umwelt, Erich Schmidt Verlag, Bielefeld 1976

Berliner, P.: s. Kap. 2

Kellermann, O.: Kernenergie und Umwelt (Vortrag). Reaktortagung 1975 des Deutschen Atomforums Bonn.

zu Kapitel 7

Bähr, W. und *W. Hild:* Behandlung schwach- und mittelaktiver Abfälle aus kerntechnischen Anlagen, atomwirtschaft **21**, 346, Düsseldorf 1976

Bokelund, H. u.a.: Behandlung hochradioaktiver Abfälle, atomwirtschaft **21**, 352, Düsseldorf 1976.

Levi, H.W.: Gibt es ein Konzept für die radioaktiven Abfälle? Vortrag auf der Reaktortagung des Deutschen Atomforums 1977

Mandel, H.: Untersuchung über eine wirtschaftlich optimale Strategie bei der Entsorgung hochradioaktiver Abfälle, Forschungsauftrag St.Sch. 557, Hrsg. Der Bundesminister des Innern, Bonn 1975

Mandel, H.: Die energiepolitische Bedeutung der Entsorgung, Atom und Strom **23**, 7, Frankfurt 1977

Scheuten, G.H.: Wiederaufarbeitung als industrielle Aufgabe. Vortrag auf der Reaktortagung des Deutschen Atomforums 1977.

– Die Entsorgung der Kerntechnik, Verhandlungen des Symposiums Mainz, Deutsches Atomforum, Bonn 1976

zu Kapitel 9

Bischoff, G. und *W. Gocht* (Hrsg.): s. Kap. 1

Scala, S.M.: Betrachtungen über die Nutzanwendung der Sonnenenergie, VDI-Berichte Nr. 224, 93, Düsseldorf 1974

Wienecke, R.: Auf dem Wege zum Fusionsreaktor, atomwirtschaft **21**, Nr. 11, Düsseldorf 1976

– Energie durch Kernfusion: Hrsg. Max-Planck-Institut für Plasmaphysik, Garching/München

Allgemeine und einführende Literatur

Gerwin, R.: So ist das mit der Kernenergie – Von der Kernspaltung zum Strom, ECON-Verlag, Düsseldorf 1976

Gruhl, H.: Ein Planet wird geplündert, S. Fischer-Verlag, Frankfurt (Main) 1976

Winnacker, K. und *K.E.J. Wirtz:* Das unverstandene Wunder – Kernenergie in Deutschland, Econ-Verlag, Düsseldorf 1975

Kernenergie – Eine Bürgerinformation: Hrsg. Der Bundesminister für Forschung und Technologie, Bonn 1975

atom-informationen: Deutsches Atomforum e.V., Bonn

atomwirtschaft – atomtechnik: Handelsblatt-Verlag, Düsseldorf

Atom und Strom: VWEW, Frankfurt (Main)

Redaktionsschluß: 10. August 1977

Sachwortverzeichnis

α-Strahlen 106
Abbrand 36
Abbremsung 28
Abfall, radioaktiver 12, 126, 128
Abfall-Glasblöcke 128
Abfallprodukte 118, 136
Abfallverfestigungsanlage 127
Abklingzeit 120
Ablaufkühlung 116
Abschaltstäbe 44
Abschirmbehälter 125
Abschirmung, biologische 100
Abschlämmwasser 117
Abwärme 82, 115, 136
Abwasser 115
Actiniden 114
AEG-Telefunken 56
AGR 80, 124
Almelo 41
Anlagekosten 39, 84
Anreicherung 39, 62, 74, 133
Anreicherungspreis 92
Anreicherungsverfahren 40, 87, 120
Arbeitsgemeinschaft für Großforschungseinrichtungen 143
Argentinien 80
Atombombe 98
Atomgesetz 21, 99, 119, 129
Atommülldeponie s. Entsorgungspark
Aufarbeitungsanlage 88, 109
Aufbereitung, chemische 86
AVR (Arbeitsgemeinschaft Versuchsreaktor GmbH) 43, 53, 56, 77
Axialpumpen, interne 61

β-Strahlen 29, 106
Babcock-Druckwasserreaktor 72
Ballungszentren 83
Barwertmethode 84
BASF 102
Benzin, synthetisches 83
Bergwerke, sillgelegte 125
Berlin 142
Berstsicherung 102
Besiedlungsdichte 104
Beton 126
Betriebs- und Unterhaltungskosten 85
Biosphäre 122
Biozyklus 124
Birkhofer, A. (Garching) 103
Bitumen 126
Blanket 51, 139
Borosilicatgläser 127
Borsäure 36
Brasilien-Geschäft 132
Braunkohle 5, 83, 135
Braunhohlevorräte 12
Bremsstrahlung 107
Bremsvermögen 39
Brennelement 26, 28, 34, 86, 98
Brennelementfertigung 92
Brennelementschäden 107
Brennelementwechsel 119, 134
Brennstäbe 29, 34
Brennstoff 29, 32, 39, 118
Brennstoff, angereicherter 51
Brennstoffersparnis 120
Brennstoffkreislaufkosten 53, 85, 92, 130
Brennstoffkugeln 44
Brenntorf s. Torf
Brutfaktor 32
Brüter, Schnelle 7, 31, 42, 50, 96, 126, 134
Brüter, Thermische 31
Brüterkraftwerke 53
Brutmantel s. Blanket
Brutprozeß 11, 31
Brutrate 52, 96
Brutstoff 51
Bruttoinlandsprodukt BIP ≈ Bruttosozialprodukt 17
Bruttosozialprodukt 13, 17, 134
Bundesimmissionsschutzgesetz 21
Bundesminister des Innern s. Störfalliste
Bundesminister für Forschung und Technologie (BMFT) 103
Bürgerinitiativen 2, 19, 21, 72
Bushehr (Iran) 79

Cadmiumsulfid 144
Capenhurst 41
Carter, J., 124
Cäsium 114, 122
coated particles s. Teilchen, beschichtete
Comision Nacionale de Energia Atomica 79
Containment 37, 75, 100
Containerschiff 73
Core 34
Coulomb-Kraft 137

Dachkollektoren 142
Dampfbrüterentwicklung 53
Dekontaminationsverfahren 126
Deuterium 39, 136
Deutsche Babcock & Wilcox/ Interatom 72
Deutsche Gesellschaft für Sonnenenergie 145
Devisenbilanz 97
Diffusionsverfahren 40
Dosimeter 108
Dosisrichtwerte 108
Drei-Zonen-Zyklus 36
Druckabbausystem 59
Druckbehälter s. Druckgefäß
Druckgefäß 34, 36, 63, 75, 107
Druckhalter 33
Druckröhren-Schwerwasserreaktor 40, 80
Druckspeicher 100
Druckwasserreaktoren 33, 38, 64, 74, 80, 134
Druckwasserreaktor, fortgeschrittener (FDR) 72

Edelgase 98
Einkreissystem 38
Einwegbeschickung 48
Elektrizitätsversorgungsunternehmen (EVU) 3
Elektronen 26, 107
Emission 113
Emissionsschutz 107
Endlagerung 88, 92, 118, 122, 124
Energie, geothermische 11, 146
Energieeinsparung 10, 11
Energienutzung, rationelle 3
Energiesparprogramm 10
Energieverbrauch 13
Energieverbrauch in der BR Deutschland 13
Entladekammer 125
Entsorgung, nukleare 21, 86, 89, 118
Entsorgungspark 95, 127
Entsorgungszentrum (DWK) 129
Erdbeben 99
Erdgas 5, 10, 83, 135
Erdöl 5, 10, 83, 135
Erdwärme 146
Erstkern 88
Erzkonzentrat 86
EURATOM 131
Eurodiff 40
Exploration 87

Fernheizung 3
Fernwärmeversorgung 83
FIPS (Jülich) 126
Flugzeugabsturz 99
Flüssigszintillationszähler 109
Fort St. Vrain (USA) 49
Frischwasserkühlung 57, 116
Fusionsprozeß s. Kernfusion
Fusionsreaktor 135

γ-Strahlen 29, 106
Galliumarsenid 144
Ganzkörperdosisrate 115
Ganzkörper-Gefährdungsdosis 98
Gasdiffusion 87
Gasturbinenprozeß 48
Gaswolkenexplosion 99
Gaszentrifuge 41, 87
GAU (größter anzunehmender Unfall) 38, 99
Gebäudeheizung 142
Gefährdungspotential 140
Gemeinschaftskernkraftwerk Neckar s. Kernkraftwerk Neckarwestheim
General Electric 56
Genfer Revisionskonferenz s. NV-Vertrag
Geysire 147
Gezeitenenergie 11, 147
Gezeitenkraftwerk 148
Gleichgewichtskern 124

Gorleben (Niedersachsen) 129
Graphit 40, 86
Graphitkugeln 43
Gravitationskräfte 148
Grundlastbereich 95
Grundlast-Kraftwerke 19, 135

Hapag-Lloyd AG 73
Hauptkühlmittelpumpen 33
Haushaltsstromverbrauch 25
Heißwasserquellen 147
Heizölpreis 95
Helium als Kühlmittel 43, 73
Helium-Hochtemperatur-Einkreisanlage (HHT) 49
Heliumturbine 49
Hochtemperaturplasma 137
Hochtemperaturreaktor (HTR) 42, 83, 96, 124, 134
Holz 5
Hüllelektronen s. Elektronen
Hüllmaterial 86

IAEO 131
Immission 112
Importe von Kernbrennstoffen 97
Importkohle 17
Industriestromverbrauch 25
Informationspolitik 2
Inkorporation 107
Institut für Reaktorsicherheit, Köln 104
INTERATOM 77
Internationale Atomenergie-Organisation s. IAEO
Investitionsersparnis 42
Isotopenanreicherung 86
Isotopen-Trennanlage 39

JET 137
Jod, Jod-131 98, 114, 122
Joint European Torus s. JET

Kanada 80
Kapazitätsreserve 134
Katastrophen, nichtnuklare 103
Kernbindungskräfte 26
Kernenergie 10, 11
Kernforschungszentrum Karlsruhe 51, 77
Kernfusion 11, 12, 132, 135, 136
Kernkräfte 137
Kernkraftwerke:
  Angra dos Reis (Brasilien) 79
  Atucha (Argentinien) 73, 79
  Biblis 37, 57, 64, 72, 74, 95
  Bilibino 81
  Borselle 79
  Brokdorf 1, 25
  Brunsbüttel 61, 62
  Gösgen 79
  Grafenrheinfeld 72, 102
  Greifswald s. Kernkraftwerk Nord
  Grohnde 1, 72
  Gundremmingen 56, 57, 61, 62
  Hamm 72
  Isar (Ohu) 61, 62
  Krümmel 61, 62
  Leningrad 81
  Lingen 56, 62
  Magdeburg (Projekt) 80
  Mühlheim-Kärlich 72, 74
  Neckarwestheim 64, 72, 74
  Niederaichbach 40
  Nord 80
  Obrigheim 56, 74, 91
  Ohu s. Kernkraftwerk Isar
  Philippsburg 57, 61, 62
  Rheinsberg 79
  Schmehausen 47
  Stade 57, 64, 74, 96
  Süd bei Wyhl 1, 25, 72, 102
  Tullnerfeld 79
  Unterweser 64, 74
  Würgassen 57, 59, 62
Kernkraftwerke, Standardisierung 42
Kernkraftwerksexporte 97
Kernladungszahl 26
Kernnotkühlung 41, 99, 104
Kernschmelzen 41, 101
Kernspaltung 1, 26
Kernverschmelzung s. Kernfusion
Kernwaffensperrvertrag s. NV-Vertrag
Kernwaffenstaaten 131
Kettenreaktion 28, 98
KEWA 127
Klima 104, 116
KNK 77, 126
Kohledruckvergasung 49, 83
Kohlendioxid (CO_2) 112

Kohleverflüssigung 83
Kohlevorräte 12
Kompakte Natriumgekühlte Kernreaktoranlage, s. KNK
Kraft-Wärme-Kopplung 82
Kraftwerk Union Aktiengesellschaft s. KWU
Kraftwerksleistung 19
Kraftwerksstandorte 112
Kreislaufkühlung 116
Krypton-85 113
Kugelhaufen 44
Kühlbecken 86
Kühlkanäle 39
Kühlmittel 29, 63, 75
Kühlmittelverlust 100
Kühlmittelverunreinigung 107
Kühlturmschwaden 116
Kühlwasser 116
Kurzzeitbestrahlung 111
KWU 57, 79

Lagerstätten 5
Lagertiefe 128
La Hague (CEA) 119
Langzeitbestrahlung 111
Lardarello 147
Laser-Fusion 137
Lastfaktor 95
Leichtwasser (H_2O) 30
Leichtwasserreaktoren 5, 31, 33, 39, 96, 124, 134
Leistungsdichte 36, 62, 74
Lithium 136
Loops 33, 47, 75
Luftaktivität 108

Masse, kritische 39
Massenzahl 26
Materialversprödung 107
Mehrzweckforschungsreaktor Karlsruhe s. MZFR
Methan (CH_4) 83
Methanol 83
Mikroexplosionen 132
Mikrowellen 144
Moderation 28
Moderator 29, 39
Moderatorkugeln 44
MZFR 73, 79

Nachladungsbrennelemente 87
Nachzerfallswärme 120
Naßdampfquellen 147
Naßkühlturm 116
Natrium 51
Natriumbrüter-Kraftwerke 52
Natrium-Leckageschäden 53
Naturkatastrophen 23
Natururanpreis 92
Natururanreserven 5
Naturzugkühlturm 116
NEA-IAEA 124
Neutrino 29
Neutronen 26, 106
Neutronen, schnelle 29
Neutronen, thermische 31
Neutronenbilanz 30
Nichtjod-Aerosole 113
Nichtverbreitung von Kernwaffen s. NV-Vertrag
Notkühleinrichtung, redundante 52
Notkühlung s. Kernnotkühlung
Nowo-Woronesch 80
Nuklearmedizin 111
Nukleonen 26
NV-Vertrag 131

Ökologie 112
Ökosystem 113
Öllagerstätten 12
Ölschiefer 6
Ordnungszahl s. Kernladungszahl

Pakistan 133
PAMELA (Gelsenberg AG/Eurochemie) 126
Pellets 35, 88
Personalkosten 85
Phénix (Marcoule) 53
Phosphatglasdosimeter 108
Photovoltaeffekt 143
Photozelle 143
Plasma 136, 138
Plutonium 31, 89, 118, 122, 124
Plutonium-Brennelemente 96
Plutonium-Flußkontrolle 124
Plutonium-Mischoxid-Brennelement 89
Plutonium-Mißbrauch 124, 133
Plutoniumpreis 93
Plutonium-Recycling 90, 123, 129

Primärenergie, Verbrauch von 8
Primärenergieträgern, Reserven an 6
Primärkreisläufe s. Loops
Projektgesellschaft (PWK) 129
Proportionalzählrohr 109
Prospektion 87
Protonen 26
Prototyp-Kernkraftwerk Kalkar am Niederrhein, s. SNR-300
Prozeßwärme 83

Radioaktivität 106
Radionuklide 107
Radiotoxizität 129, 139
Radium 106
Rance-Mündung s. St. Malo
Rasmussen-Report (Norman C. Rasmussen) 103
Raumfahrzeuge 146
Reaktivität 36, 98
Reaktivitätsänderung 36
Reaktor, fortgeschrittener gasgekühlter s. AGR
Reaktor, gasgekühlter 73, 124
Reaktor, graphitmoderierter 40
Reaktor, natriumgekühlter 77
Reaktordruckbehälter s. Druckgefäß
Reaktorgebäude 37
Reaktorkern s. Core
Reaktorkühlkreislauf 100
Reaktorsicherheit 21, 104
Reaktor-Sicherheitskommission (RSK) 102
Reaktorsicherheitsstudie 103
Reaktorvolumen 36
Recycling 120, 123
Reinmetall 86
Reserveleistung 20
Restbrennstoff 86
Restrisiko 22, 104, 123
Resturan 88
Rheinisch-Westfälisches Elektrizitätswerk s. RWE
Risikoanalyse 22
Risikostudie, deutsche 103
Röntgendiagnostik 111
Rückhaltetechnologie 117, 140
Rückkühlbetrieb 57
Rückvergütungspreis für Uran und Plutonium 93
RWE 95

Saboteure 99
Sahara 142
Salzbergwerk Asse II 125
Salzkavernen 125, 127
Salzstock 125, 128
Sammellager 109
Satellit 143
Sattdampf 34
Schädigungsindex 113
Schadstoffemissionen 112, 113
Schalenmodell 27
Schiff N.S. „Otto Hahn" 72
Schikarski 113
Schild, biologischer 29, 106
Schild, thermischer 29, 107
Schutzvorrichtungen 98
Schwefeldioxid (SO_2) 112
Schwerstöl aus Sanden 6
Schwerwasserreaktoren 39, 80, 124
Sekundärabschirmung 100
Sekundärkreislauf 33
Sicherheit, inhärente 98
Sicherheitsbehälter s. Containment
Sicherheitsbericht 98
Sicherheitseinrichtungen 98, 104, 109
Sicherheitsbestimmungen 21, 119
Sicherheitshülle s. Containment
Sicherheitskontrollen 109
Sicherheitsstandard 23
Sicherheitssysteme 104
Siedewasserreaktoren 38, 59, 62
Siemens 56
Siliciumkristalle 143
Sinterkörper (keramische Elemente) 86
SNR-300 51, 77
Solarfarm 143
Solarkollektor 143
Solartechnik 140
Solarzelle 143
Sonnenenergie 11, 140
Sonnenkocher 145
Sonnenkraftwerk 144
Sonnenofen 144
Spaltneutronen 28, 30
Spaltprodukte 28, 117
Spaltprozeß s. Kernspaltung
Spaltstoff 32, 86
Spaltungsenergie 29

Spannbeton-Druckbehälter 47, 49
St. Malo 148
Stahl 86
Standortfragen 20, 42, 134
Steinkohle 5, 83, 135
Steinsalzformationen 128
Sternglass (Pittsburgh) 111
Steuerstäbe 35
Störfall- und Unfallanalysen 98
Störfälle, hypothetische 99
Störfalliste (BMI) 104
Störfallwahrscheinlichkeit 23
Störungsmodell 99
Strahlenbelastung 98, 110, 112, 115
Strahlendosis 108
Strahlenrisiko 110
Strahlenschäden 106
Strahlenschutz 106
Strahlenschutzmeßtechnik 107
Strahlenschutzverordnung 115, 119, 122
Stromerzeugung 13, 82, 124
Stromerzeugungskosten 84, 95, 130
Stromerzeugungskostenvergleich 95
Stromverbrauch 19, 134
Strontium-90 114
Superphénix 1200 MW 53

Tabletten, gesinterte s. Pellets
Teilchen, beschichtete 43
Terroristen 99
Thorium 5, 31, 106
Thorium-Hochtemperaturreaktor (THTR) s. Uentrup
Thorium-Uran-Brennstoffkreislauf 43
Tidenhub 148
Tokamak 137
Torf 5, 6
Torus 138
Transporte 92
Transurane 118, 139
Trenndüsenverfahren 40, 87
Tritium 108, 122, 136
Tritiumüberwachung 109
Trockenkühlturm 49, 116
Tropfenmodell 27
Trümmerschutzzylinder 100

Uentrup, THTR-300 47, 77, 124
Umgebungsluft 116
Umgebungsüberwachung 108
Umweltbelastung 15, 21, 108, 134
Umweltradioaktivität 110
Umweltschutz 112
Unfall, hypothetischer 23
Uran 5, 106
Uran, angereichertes 39, 86
Urandioxid (UO_2) 88
Urandioxid (UO_2)-Tabletten, gesinterte, s. Pellets
Uranhexafluorid (UF_6) 86
Uran-Plutonium-Mischoxid 51
Uranprospektion 13
Uran-Thorium-Mischkristall 43
Uran-Trennarbeitseinheit (UTA) 40
Uranvorkommen 13
Uranvorräte 87

VERA (Karlsruhe) 126
Verdunstungskühlung 116
Verfahrenstechnik, chemische 49
Verfestigung 126, 128
Verfügbarkeit 56
Versagenswahrscheinlichkeit 22
Verschmelzung (Kernverschmelzung) s. Kernfusion
Versorgungsengpässe 20
Versuchsatomkraftwerk Kahl s. AVR
Verwaltungsgerichtsurteil Freiburg 102
Verwaltungsgerichtsurteil Würzburg 102
Vulkanismus 147

Wärmeabfuhr 116
Wärmeleistung, spezifische 36
Wärmespannung 107
Wärmespeicher 143
Wärmeverbrauch 62, 74
Warmwasserbereitung 142
Wasser, boriertes 100
Wasser, schweres (D_2O) 39, 73
Wasserkraft 5, 10, 19
Wasserreinigungsverfahren 122
Wasserstoff 83

Waste, hochradioaktiver Abfall 122
Welt, Dritte 10
Weltbevölkerung 7
Weltenergiebedarf 7
Weltenergiemarkt 4
Westinghouse (USA) 56
Wettbewerbssituation 95
Wiederaufarbeitung 21, 92, 115, 118, 139
Wiederaufarbeitungsanlage, deutsche 129
Wiederaufarbeitungsanlage Karlsruhe (WAK) 122, 126, 127
Wiederaufarbeitungskapazität 129
Wiedereinleitungstemperatur 116
Wiederholungsprüfungen 102
Windenergie 145
Windkraftwerke 145
Windrotor 145
Windscale (BNFL) 119
Windtürme 145
Winson GmbH 145
Wirkungsgrad, thermischer 3, 37, 48, 62, 74
Wirtschaftswachstumsrate 19
Wyhl s. Kernkraftwerk Süd

Zentrifugenverfahren 132
Zircaloy 86, 88
Zirkonhydrid 77
Zirkonlegierungen 36
Zweikreissystem 47
Zwischenkühlkreislauf 52
Zwischenlagerbecken 119